唯有 了解，

才会 关心；

唯有 关心，

才会 行动；

唯有 行动，

生命 才有希望。

———

珍·古道尔

神奇物种：

中国野生动物保护百年

Fantastic Species:

Wildlife Conservation in China through the Lens

李栓科　主编

目录

《世界自然保护联盟濒危物种红色名录》受胁等级

CR：极危　EN：濒危

VU：易危　NT：近危

LC：无危　DD：数据缺乏

《国家重点保护野生动物名录》保护等级

Ⅰ：Ⅰ级

Ⅱ：Ⅱ级

推荐序｜神奇物种——见证自然之美

伊丽莎白·穆雷玛

“生物多样性”是指生物体之间的变异性。这些生物体来自地球上所有的生态系统，特别是陆地、海洋和其他水生生态系统及其所属的生态复合体。生物多样性包括物种内、物种间和生态系统的多样性。它是地球上所有生命形式的总和，因此，它是人类共同关心的问题。

生物多样性亟待全世界所有公民的关注和行动。这将是决定在本世纪之后，已造福人类文明一万多年的生态环境是否能继续支持人类发展的关键。见证自然之美，理解万物相生相息，认识生物多样性对人类福祉的重要性，有助于我们积极采取行动。

《神奇物种：中国野生动物保护百年》带领我们踏上了一段探索中国野生生物和生态系统的百年历史之旅，帮助我们去认识中国丰富而独特的生物多样性，并了解中国在过去一个世纪中的保护实践历程。

这本书的出版恰逢世界各国领导人和利益相关方齐聚由中国政府主办的《生物多样性公约》缔约方大会第十五次会议（COP15）。在这次会议上，我们将确立下一个十年及之后的全球生物多样性行动方针。

我们要继续推动人类关心生物多样性的强大力量，支持实现《生物多样性公约》和《2020年后全球生物多样性框架》的目标。我希望这本精美的图集能触动读者的心灵，鼓励大家成为盟友，通力合作，共同推动2050年“人与自然和谐共生”美好愿景的实现。

《生物多样性公约》执行秘书

Elizabeth Maruma Mrema

呵护生命的力量

Caring for the Power of Life

邸 皓

生命的力量并非格外强大，当野生动物面对来自人类的持续重压——大肆猎捕、破坏其家园时，生态系统难免会崩溃。白鲟、华南虎的悲剧提醒着我们，贪婪、无视自然法则的人类活动可能会对野生动物造成毁灭性的打击。

生命的力量又是极具韧性的，当人们阻隔威胁，用心呵护，寻找共存之道时，生命便能欣欣向荣。通过有效遏制捕杀，保护栖息地，大熊猫、朱鹮、藏羚羊等生灵便从灭绝的边缘被拯救回来。伤害、利用、漠视，抑或关心、保护，人类的行为造就了野生动物今天的生存状况；而它们未来的生存与灭亡，也取决于我们的选择与行动。

（对页）世界唯一人工饲养的雄性白鳖豚“淇淇”，于 2002 年 7 月 14 日上午，在中国科学院水生生物研究所（简称中科院水生所）武汉白鳖豚馆溘然长逝，离我们而去。白鳖豚“淇淇”去世后，经有关专家和工作人员两天的努力，2002 年 7 月 16 日，“淇淇”剥制标本的解剖、填充和缝合工作完成。

周国强 视觉中国 / 供图

当我们将人类对野生动物的保护作为聚光灯下的主题时，讲述一个真正完整的故事还需要加上淡隐在光环外的背景——人类对野生动物和整个自然生态的影响。这种影响是如此巨大而深刻：2019 年 5 月，联合国“生物多样性和生态系统服务政府间科学政策平台”（IPBES）正式发布《全球生物多样性和生态系统服务评估报告》，该报告指出全世界大约有 100 万种动植物面临灭绝的威胁，其中许多可能在数十年之内趋向灭绝。威胁不仅来自人类过度捕猎、捕捞的直接伤害，还来自人类在寻求自身发展过程中对陆地、海洋的开发利用带来的栖息地丧失、环境污染，大量使用化石能源带来的全球气候变化，有意或无意造成的物种入侵……伴随着人类社会的发展与扩张，野生动物在退却和消亡。正是在这样的背景下，一些人感知、理解并认同野生动物的价值和意义，他们挺身而出，采取行动，守护与我们共享这颗行星的无数生灵继续生存繁衍的机会。

回溯生物保护的历史，一方面我们看到的是人们在不断增进、改变对野生动物和自然界的认知；另一方面，我们看到人类在生产生活中影响自然界的方式和规模也在改变，人们对这些影响的意识也在逐渐变得深刻和立体。保护的故事并不独立存在，它总与人类其他故事相应和，或碰撞、或纠缠、或共鸣。保护的故事也并非一条单一的直线，而是历史长河中各种湍流不断互相冲击聚散。

中国是地球上生物多样性最丰富的国家之一，幅员辽阔、景观多样的国土为数万种野生动物提供了赖以为生的家园——海南岛云蒸霞蔚的热带雨林中，长

臂猿的长啸在清晨回荡；吉林白雪覆盖的林间，东北虎匿踪潜行；寒风凛冽的可可西里荒原上，成群的藏羚羊奋蹄奔腾；南海温暖的碧波中，中华白海豚逐浪前行；黄渤海的滩涂为数以百万计的迁徙候鸟提供补给；川陕甘的山林给了大熊猫最后的庇护……

在中华文明悠久的历史中，人与这片土地上的生灵有着长久的互动，许多野生动物早已在中华文化中刻下深深的印记。它们在诗词歌赋中被颂咏，从《诗经》中“呦呦鹿鸣，食野之苹”到汉高祖的“鸿鹄高飞，一举千里”，从杜甫笔下的“风急天高猿啸哀，渚清沙白鸟飞回”到辛弃疾的“看天阔鸢飞，渊静鱼跃”；它们的形象装点着人们的生活：幼童穿戴的虎鞋虎帽，

《写生珍禽图》(五代·黄筌),在现代影像记录发明前,绘画是记录野生动物形象最重要的方式之一。在这幅创作于五代时期的名作中,作者已经能够相对准确地描绘野生动物的特征。

视觉中国 / 供图

恭贺新人喜结连理的鸳鸯锦被,老人寿宴上的松鹤延年图。它们逐渐凝结为中国人的精神家园中不可替代的文化符号——猛虎、雄鹰,狐仙、白蛇,还有猴王。

中国文化中的许多思想都与野生动物保护相契合。“好生恶杀”——对生命的珍视是最广为接受的理念,在中华文明中占据核心地位的儒、释、道都倡导不杀生、不害生。与之相呼应的,“万物有灵”的思想使人们对大自然和其中的生灵总保有一丝敬畏之心。“天人合一”——人和自然的和谐统一,作为中国文化中的最高精神追求之一,则倡导人们行为顺应自然规律。

在历史的长河中也不难搜拣出具有保护意义的行动:如北宋的《禁采捕诏》(公元 961 年)和《二月至九月禁捕诏》(公元 978 年)等由君王颁布的护生禁猎诏旨;设立“虞部”等专门机构对包含野生动物在内的自然资源进行管理,这种方式可以追溯到传说中舜的时代;封禁特定的自然区域供祭祀或贵族游猎,一定程度上也起到保护野生动物栖息地的作用。除官方的封禁山泽、法律政令之外,佛教和道教划定的庙观山林、民间的风水林、少数民族地区的神山圣湖,以及在宗教、民俗、传统影响下的护生行动,在客观上都起到了保护的作用。

当中国依着传统的道路缓缓行进时,世界在新的力量的推动下飞速变化,终于这变化冲破了封锁的国门,将这个古老的国家也席卷其中。伴随着新思想的发展和社会变革,中国对野生动物的认知,以及对待野生动物的方式,也在不断发展、变化。

近代中国：
科学博物学的发展和保护思想萌芽

百年前的中国正处在一个剧变的时代，延续千年的旧秩序逐渐崩坏瓦解，新传入的理念与旧的传统不断碰撞、发酵，推动国家和社会向新的方向迈进。

人们迎来看待野生动物的全新视角：19 世纪，现代科学、博物学蓬勃发展，西方的探险家开始在全球搜集、记录动植物，遥远而神秘的东方对他们有着莫大的吸引力。特别是 1840 年鸦片战争之后，中国封锁的大门被打开，大量西方传教士、探险家、动植物猎人、商人以及学者带着极大的热忱进入中国，进行博物学考察和探险。

英国的罗伯特·斯温侯（Robert Swinhoe）、法国的谭卫道（即大卫神父，Jean Pierre Armand David）、俄国的普尔热瓦尔斯基（Nikolay Przhevalsky）、美国的约瑟夫·洛克（Joseph Charles Francis Rock），这些来自不同国度的探索者在中国各地搜集此前不为西方世界所知的动植物，将难以计数的标本送往欧美各国的博物馆，麋鹿、大熊猫、普氏野马、蓝鹇等一个又一个物种依着现代生物学的范式被分类、命名；以往流传在传说、诗赋和志怪笔记中神秘的生灵，此时依着严谨规范的方式，进入科学认知范畴。

新的认知并没有在大范围内改变人们对待野生动物的方式，这些考察和标本采集活动没有催生新的野生动物保护行动，甚至其中一些搜集活动本身就带有资源掠夺性质；另一方面，这些发现确实也增进了人们对中国野生动物的了解，同时也将近现代意义上的科学和博物学带入中国，这些新的认知方式将在更长远的尺度对中国的野生动物产生影响。

1928 年，静生生物调查所成立时的合影。前排左起：何琪、秉志、胡先骕、寿振黄；后排左起：沈嘉瑞、冯澄如、唐进。

胡宗刚 / 供图

20 世纪初，中国人逐渐掌握了这些新的认知方式，中国本土生物学家、动物学家走上了历史的舞台，为

中国的动物学研究和随之而来的保护工作贡献自己的力量。1920年，曾参与发起中国科学社的秉志先生在美国康奈尔大学获得博士学位后归国，来到南京高等师范学校（次年改为东南大学，后又改为中央大学），并在此建立了中国大学中的第一个生物系。1922年8月，中国第一个生物学研究所——中国科学社生物研究所在南京成立。从1922年到1937年，研究所对我国动植物资源进行了大量的调查研究，采集的标本总数达12万份左右。随着工作推进，研究所的工作人员逐渐感到无力顾及对北方动植物的考察研究。经过各方努力，1928年10月，我国第二个生物学研究机构——北平静生生物调查所成立。调查所动物部的工作人员除秉志外，还有著名鱼类学家、鸟类学家、兽类学家、中国脊椎动物学研究的开拓者之一寿振黄先生，中国昆虫学创始人之一刘崇乐先生，甲壳动物学家、中国现代甲壳动物分类学的开拓者和奠基人沈嘉瑞先生。静生生物调查所的工作包括华北、东北、渤海等地区的动植物资源调查、采集及分类学研究。除南北二所外，其他研究人员同时也在开展考察研究工作，如著名鸟类学家郑作新先生，他从20世纪30年代起在福建等地进行考察，最终在1947年底出版了学术专著《中国鸟类名录》，是当时最全面的中国鸟类资料。

1934年8月23日，以秉志为首的30名著名动物学家在庐山莲花谷组织成立了中国动物学会，并举行了第一届年会，会议还决定创办《中国动物学杂志》，推动了我国动物学研究的进展。生物研究所、静生生物调查所及其他动物学家、生物学家在极其艰苦的条件下，为我国生物学研究积累了宝贵的资料，同时也培养了一批研究人员。这些工作为日后新中国的动物学研究及野生动物保护奠定了良好的基础。

民国时期，新传入的自然资源管理理念被政府接受并尝试用于实践：1914年北洋政府曾颁布《狩猎法》，又在1921年公布《狩猎法施行细则》，明确提出“各地方官厅，应将该地保护鸟兽之种类，分别列表，各按程序，转报农商部备案，并于各该地面，发禁捕之布告”。森林保护和管理的思想获得了更广泛的接受，同样在1914年由北洋政府颁布的《森林法》是我国历史上的第一部森林法，北洋政府还制定了适量限量采伐森林的措施。南京国民政府时期，对《森林法》进行了两次修订完善，在鼓励植树造林的同时，还设置了专门的森林警察。革命根据地及解放区则制定了更加具体详细的森林保护法规，还通过民主讨论制定了禁山公约、村林公约，如1940年陕甘宁边区政府公布的《陕甘宁边区森林保护条例》。

对野生动物的新认知和保护实践的萌动并没有主导中国人和野生动物的关系，整个国家社会的动荡和变革是时代的主音。由于频繁的战事、军阀割据、社会动荡和帝国主义掠夺等原因，民国时期的自然生态整体趋于恶化。一份研究显示，鸦片战争时，中国的森林面积约为15900万公顷（1公顷=10000平方米），1934年时已锐减到9109万公顷，而到中华人民共和国成立之前仅余8280万公顷，森林覆盖率仅为8.6%。

1949年以后：大力发展生产和保护工作起步

中华人民共和国成立后，发展生产成为很长一段时间内的工作重点。由于工农业基础薄弱，对野生动物的猎捕成为获取生产与生活资料的一种重要方式；森林砍伐、工农业用地的扩张也在压缩野生动物的生存空间。在此背景下，国家较早地建立了第一批自然保护区，并明确发布指示要求保护野生动物，但整体保护工作并未形成体系，尚处于起步阶段。

“保护珍稀野生动物”的概念在中华人民共和国成立伊始便被提出：1950年，中央人民政府政务院规定古迹、珍贵文物、图书及稀有生物保护办法，明令珍贵稀有的野生动物需要保护，不得任意猎杀。但整体上野生动物仍然面临着极大的压力：摆脱了百年的贫弱和屈辱，此时全国上下都充满了奋发强国的建设热情，而危机四伏的国际政治环境也逼着新生政权分秒必争地迅速强大起来。经过战争蹂躏的国家满目疮痍，工业和农业基础都极为薄弱。1949年，全国生铁产量只有24.6万吨，钢产量只有15.8万吨；农业方面，粮食产量只有2260亿斤，棉花产量只有880多万担。在这样的情况下，国民经济的增长很大程度上需要借助于对自然资源的开发利用，对野生动物的猎捕也成为一项获取生产生活资料的重要方式——捕猎获取的肉食、毛皮，以及鹿茸、麝香等其他野生动物制品，既有助于改善人民的生活水平，又能够用来换取宝贵的外汇。野生动物面临的压力不仅来自直接猎捕，还有生存空间的压缩。木材是比野生动物更为重要的自然资源，而大规模砍伐势必会使那些以森林为家的动物流离失所。经济发展伴随着农田、工业和建设用地的扩张，也会吞噬野生动物原有的栖息地。

国家很快设立了相应的机构对这些开发活动进行

1976年云南丽江石鼓镇，供销社从猎人手中收购毛皮。

茹遂初 / 摄

组织和管理：1949年，中央人民政府设立林垦部主管农业发展和林业资源开发，1951年改组建立了中央人民政府林业部，之后在经营司下设立了狩猎处管理野生动物狩猎事宜。1956年，设立了专事森林采伐的森林工业部，两年后并入林业部。1956年设立的中华人民共和国水产部则主要负责水生动植物资源的开发利用。这种由林业和水产（农业）部门分别管理陆生野生动物和水生野生动物的设置一直得到延续。社会主义改造完成后，国家明确了对包括野生动物在内的主要自然资源的所有权，同时建立起自然资源开发的组织架构，农（渔）业合作社、人民公社、国营农场、牧场、林场作为主要的基层生产单位，根据生产计划进行猎捕和开发利用。50年代中期开始，野生动物制品由供销社、土特产商店进行统一购买和销售（"统购统销"），野生动物的捕猎和销售大体上是在政府的组织和管理下进行的。

强度过高的捕猎给许多野生动物造成了沉重的打击，紫貂、豹猫、水獭等毛皮动物是捕猎的重点对象，1950—1970年，全国收购野生动物毛皮达28900万张。1955年仅湖北一省就有超过1.4万只水獭被捕杀，毗邻的湖南省收购水獭皮最多的一年则高达25733张。这样高强度的捕杀，加之栖息地丧失等原因，使得水獭在许多曾经的分布区内消失，即使尚有水獭生活的区域，数量也大幅下降。50年代初期，广东省（含海南岛）一年收购的水獭皮就数以万计，而到1981年收购数量已锐减至不到400张；在东北地区，2000—2010年的水獭记录比50年代减少了92%。

另一些动物则作为肉食来源被大量猎取，蒙原羚便是一个代表。蒙原羚又称蒙古瞪羚，一般也被称为"黄羊"（实际上黄羊是几种体色偏黄的草原有蹄动物的统称，除蒙原羚外，鹅喉羚、藏原羚甚至普氏原羚在其生活区域内也被人称作黄羊），分布于中国、蒙古国和俄罗斯等地。50年代初，蒙原羚仍广泛分布在我国东部草原和西部荒漠草原地区，估计有50万至60万只，其集群迁徙的盛况比之今天非洲大草原上的角马迁徙有过之而无不及。然而自从50年代末，蒙原羚作为肉食供给遭到了大规模的猎杀。据参加过捕猎的人回忆，当时人们开着大卡车，带着军用步枪，在草原上追逐成群的蒙原羚。1959—1961年"三年困难时期"，"黄羊肉"帮助一些区域的民众挨过了饥荒的威胁，黄羊肉出口也为国家创造了可观的外汇收入。由于中蒙边境上的围栏阻断了蒙原羚的迁徙路线，以及一直持续到80年代末的高强度猎杀，截至20世纪末，我国境内蒙原羚的数量锐减至仅存约8000只，活动范围仅在内蒙古的锡林郭勒和呼伦贝尔草原。

水生生物同样受到了过度开发的影响。中华人民共和国成立初期，水产养殖尚未得到充分发展，对野生鱼类等水生动物的捕捞仍然是渔业生产的主要方式。1957年，水产捕捞量为243万吨。受到"大跃进"期间过高的生产指标影响，不仅主要经济鱼类数量大幅下降，为达到指标要求，一些非传统经济鱼类也被捕捞充数，乱捕滥捞使得鱼类资源整体受到严重破坏。幸而池塘养殖技术获得重大突破，实现了鲢、鳙等重要淡水经济鱼类的人工繁殖，在一定程度上缓解了过度捕捞野生鱼类带来的资源严重衰退问题。

野生动物还面临着栖息地丧失的威胁。作为野生动物重要栖息地的天然林，在大规模开发下迅速消失，东北的大兴安岭、小兴安岭、长白山等地成片的原始林被伐倒，1981年，天然林覆盖面积已比1962年下降了18.63%。在人口密集的南方，许多丘陵山地的林木资源被砍伐并开垦为农田。其他类型的栖息地也随着工农业建设而退缩，"北大荒"的开垦为中国增加了大面积优良的耕地，却也失去了原有的草原和湿地，长江中下游的湖泊湿地也因围垦而不断缩减。

作为关注野生动物的一个主要群体，研究人员的队伍得到了发展壮大，对野生动物的认知也在进一步

1973 年，黑龙江林区，集材车将采伐的原木拖运到集中点。

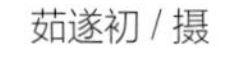

茹遂初 / 摄

1959 年，在黑龙江某林场，林业工人在使用油锯砍伐树木。

茹遂初 / 摄

丰富。中华人民共和国成立后，科研、教育机构经历了一系列调整建设，中国科学院于 1949 年组建，并接收了静生生物调查所、国立北平研究院动物学研究所等民国时期建立的研究单位。经过机构整合，1950 年成立了中国科学院昆虫研究室（后发展为昆虫研究所）、动物标本整理委员会（后发展为动物研究所）和水生生物研究所，之后又陆续建立了昆明动物研究所、西北高原生物所等相关研究机构。

1952 年，中央人民政府进行了全国高等院校的院系调整，整合了高校中的相关学科资源架构，并成立了北京林学院（今北京林业大学）、东北林学院（今东北林业大学）、福建农学院（今福建农林大学）等专门院校，成为林业等自然资源管理，以及野生动物研究的人才培养基地。

1957—1958 年，在傅桐生教授等学者的主持下，东北师范大学连续两年举办了研究生班，分别讲授脊椎动物学和动物生态学；研究生班开创了中国动物生态学研究工作，也培养了大批研究人员，特别是各省的师范院校均选派青年教师参加，日后发展成野生动物研究领域的一支重要力量。

对野生动物的科学认知也在不断积累，一系列野生动物调查自 20 世纪 50 年代起陆续启动。1953 年，在寿振黄先生的主持下，兽类区系调查首先在东北展开，基于调查成果撰写的《东北兽类调查报告》成为新中国兽类研究的一座里程碑。科研人员又陆续在云南、海南、贵州、甘肃、青海、新疆等省、自治区开展科学考察，增进对这些区域野生动物情况的了解。这一时期的科研工作主要集中在野生动物的分类、地理分布和数量调查等。由于经费有限，很多调查无法在实地展开，研究人员只得转而根据供销社的收购情况推断相关信息。即使在这样艰苦的条件下，《中国动物图谱》《中国鸟类分布名录》等成果也在这一阶段陆续发表。在当时氛围下，许多研究是从服务生产的角度展开的，典型的如《中国经济兽类志》。1956年，国务院将《中国动物志》的编写工作列入国家科学发展长远规划，并由中国科学院负责组建编辑委员会统筹这一工作。这是一项卷帙浩繁的巨大工程，完成时将记述中国超过20万种的脊椎动物和无脊椎动物，篇幅达500余卷（册），这一工程直到今天仍在进行中。

建立自然保护地对野生动物保护至关重要，凭借中国科学家的远见卓识，中国于1956年建立了第一批自然保护区。在当年9月的第一届全国人民代表大会第三次会议上，秉志、钱崇澍、杨惟义、秦仁昌、陈焕镛等科学家提出“中国剩余的天然林已经不多了，请政府在全国各省区划定天然森林禁伐区，保存自然植被以供科学研究的需要”。虽然当时建立自然保护区的首要目的是为科学研究提供长期样地，但这份编号为92号的提案同时也指出，“为国家保存自然景观，

东北师范大学动物学研究生班合影，前排左三为寿振黄教授。

汪松 / 供图

1973年，我国著名兽类学家彭鸿绶先生在独龙江考察途中。

马晓锋 / 摄

1962年，科研人员深入云南西双版纳热带雨林进行考察。

茹遂初 / 摄

（上）鼎湖山自然保护区在 1956 年建立，是我国第一个自然保护区。

摘自《人与生物圈》
2018年3—4期合刊

（下）1956 年，鼎湖山保护区成立时研究人员和保护区负责人在鼎湖山庆云寺前合影，由右至左为何椿年、陈焕镛、侯过、黄维炎、黄吉祥。

鼎湖山国家级自然保护区 / 供图

不仅为科学研究提供据点，而且为我国极其丰富的动植物种类的保护、繁殖及扩大利用创立有利条件”。国务院根据大会审查意见，迅速责成当时的林业部、森林工业部联合中国科学院，共同组织建立中国自然保护区的工作。

林业部迅速行动，于同年 10 月便牵头制定了《关于天然森林禁伐区（自然保护区）划定草案》，明确指出，“有必要根据森林、草原分布的地带性，在各地天然林和草原内划定禁伐区（自然保护区），以保存各地带自然动植物的原生状态”。而广东鼎湖山自然保护区成为我国第一个自然保护区，具体由中国科学院华南植物园进行管理。到 60 年代中期约十年的时间内，中国陆续建立了福建万木林、云南西双版纳小勐养、吉林长白山等 18 个自然保护区。当时的保护区工作只是用朴素的保护思路，基本上是先把这些区域隔离出来，以“一草一木都不许动”的原则隔绝人类的干扰，并没有形成统一、系统的管理办法。这一阶段的保护地建设尚处于起步阶段，全部保护区的面积仅有 43.7 万公顷，尚不足全部国土面积的 5‰，而且主要是森林类型的保护区，其他生态系统类型如湿地、草原都没有建立保护地。

野生动物保护在 1962 年迎来了又一次重要提升，国务院发布了《关于积极保护和合理利用野生动物资源的指示》（以下简称《指示》）。《指示》提出“野生动物资源是国家的自然财富，各级人民委员会必须切实保护，在保护的基础上加以合理利用”；对野生动物采取“加强资源保护，积极繁殖饲养，合理猎取利用”——“护、养、猎并举”的方针进行开发利用。《指示》仍将野生动物主要定位为可开发的自然资源，但确实推动了由直接猎捕逐渐向驯养繁殖转变的开发利用方式。产茸的梅花鹿和马鹿的养殖从 50 年代就已开始，在《指示》的推动下形成了较大的规模，之后基本取代了通过野外猎捕获取鹿茸的方式；貉、狐狸等毛皮物种，以及其他野生动物的繁殖也得到了发展。这种养殖以经济效益而非恢复自然种群为首要目的，因此并未建立起谱系，对保护野生种群的贡献不大，但这种强调养殖的模式影响了中国野生动物保护很长时间。《指示》也提出了对捕猎活动进行限制的一些管理办法，如设立禁猎区和禁猎期、实施狩猎证管理、限制捕猎用具和方式等，并提出对紫貂、雪豹、马鹿、麝等“经济价值高，但数量已经稀少或目前虽有一定数量，但为我国特产的鸟兽”应当禁止猎取或严格控制猎取量。

《指示》还在生产的视角外，明确提出对珍稀动物的保护要求：明令严禁捕杀包括大熊猫、东北虎、藏羚羊、丹顶鹤在内的19种“珍贵、稀有或特产的鸟兽”，同时要求在其主要栖息、繁殖地区，建立自然保护区。自1963年起，四川省汶川县卧龙、南平县白河、平武县王朗、天全县喇叭河，甘肃省白水江，陕西省秦岭太白保护区等多处以大熊猫为主要保护对象的自然保护区得以建立。

受到认知的局限，当时仍有一些野生动物因可能对生产造成影响，而被列为害兽、害鸟，成为政策要求剿灭的对象。《指示》中虽然强调保护野生动物资源，但也提出“在消灭狼豺和鼠害时，可以采用歼灭性围猎、掏窝、挖洞、毒药、机动车追猎和军用武器……”。1956年发布的《全国农业发展纲要》提出要“消灭危害山区生产最严重的兽害”。在这样的灭绝性捕杀政策下，大型食肉动物受到的打击最为严重。

中国所独有的华南虎，其历史分布区逐渐成为人口最为稠密的地区，而随着人类活动范围扩大，华南虎的栖息地遭到挤压，不可避免地与人类发生冲突。中华人民共和国成立初期，中国南方的许多省份都出现老虎进入人类居住区捕食的情况。1952年，仅湖南耒阳就有120多人被老虎咬死，甚至发生过一天咬死32人的事件。人口增长造成的人虎冲突其实从明朝末年便时有发生，而新时代人们对虎的围剿更具组织性，使用的工具也更为先进。为“虎患”所困扰的地区纷纷成立打虎队，猎人们扛起枪蹲守老虎出没区。耒阳的陈耆芳本是一位猎户，就因孙子曾命丧虎口而组建了打虎队，打虎7年捕获华南虎138只。这种猎杀在

20世纪70年代，黑龙江林区用于割取鹿茸的马鹿养殖场。养殖取茸的方式逐渐取代了野外猎鹿获取鹿茸的方式。

茹遂初/摄

60 年代也没有得到扭转。据估计，1949 年我国野生华南虎的数量约为 4000 只，70 年代末期数量锐减，已经基本丧失自行繁衍的能力，之后野生华南虎种群逐渐走向凋零，只留下少数人工繁育种群在樊笼中苟延残喘。豹、熊、豺等其他大型食肉动物的境况也不容乐观，狼作为大陆上曾经分布范围最广的顶级食肉动物，在全国绝大部分区域都销声匿迹，如今只在青藏高原等少数地区才能见到它们。

“文化大革命”期间，全国各方面工作都遭到破坏，野生动物保护事业也未能幸免。林业、渔业生产管理体系被扫荡殆尽，生产陷入一片混乱，许多已建立的自然保护区遭到破坏甚至撤销。同样是在 60 年代，全球正掀起如火如荼的现代环境保护运动，这股热潮促成 1972 年联合国在瑞典首都斯德哥尔摩举行“人类环境大会”。幸得周恩来总理高瞻远瞩，中国在 70 年代初也开始关注环境问题，组团参加了这次大会，并加入了随后启动的“人与生物圈计划”。以此次大会为镜鉴，中国开始认真审视自身的环境问题，环境污染及自然生态严重破坏的情况开始得到重视。1973 年，第一次全国环境保护会议在北京召开，次年作为中华人民共和国城乡建设与环境保护部（今中华人民共和国生态环境部）前身的国务院环境保护领导小组正式成立。

进入 70 年代，野生动物保护工作逐渐有了一定的恢复，由原林业部、农业部和水产部等部门整合组建了农林部，协调相关生产工作。1973 年，农林部在京组织召开了重点省、市、自治区珍贵动物资源保护、调查座谈会，研究了加强珍贵动物资源保护的措施，讨论修改了《野生动物资源保护条例（草案）》和《自然保护区暂行条例（草案）》。1973—1975 年，有关部门又先后发布了一系列推动野生动物保护的政令，如由（原）外贸部发布的《关于停止珍贵野生动物收购和出口的通知》、原国家计委发布的《有关“停止收购和出口国家禁令猎捕的珍贵动物及其毛皮”的通知》，以及中华全国供销合作总社发布的《关于配合有关部门做好珍贵动物资源保护工作的通知》。1975 年 3 月，国务院的第 45 号文件对自然保护区的建设、管理与保护做出了明文规定，强调“珍稀动物主要栖息繁殖地要划建自然保护区”，对当时我国自然保护区建设起到了积极的作用，一些省份相继建立了新的保护区。如在大熊猫栖息地，新建了四川唐家河、宝兴蜂桶寨、马边大风顶等保护区。

改革开放：经济大潮中的野生动物保护工作

改革开放给中国带来了翻天覆地的变化，野生动物和自然生态保护工作也被变革大潮席卷。一方面，经济发展成为国家工作的中心，政治经济体制改革改变了生产和消费模式，在巨大的经济利益刺激下，自然生态受到的冲击强度迅猛提升。另一方面，科学的兴起、文化的复苏以及开放带来的国际交流推动着野生动物保护意识的提升，保护理念的各层面都获得了一定的认同。在这样的背景下，保护成为国家工作中一项独立的主题：国家建立并完善了社会主义法治体系中自然保护相关内容，设立了专门的野生动物和自然保护管理部门，抢救性地保护了一批濒危物种。改革开放后，国际保护组织开始进入中国开展工作，本土民间保护力量也崭露头角，成为中国野生动物保护工作新的力量。

20 世纪 70 年代，世界范围内的自然保护工作得到长足发展，而改革开放之初的一系列国际交流活动，对中国的野生动物保护起到了重要的推动作用。

1979 年 10 月，世界自然保护联盟（IUCN）和世界自然基金会（WWF）[①]的联合代表团访问中国。世界自然保护联盟成立于 1948 年，是全球最大的专业环境保护组织，成员包括主权国家、政府机构、非政府组织等，发展到今天已拥有来自 160 多个国家的 1200 多个机构会员，并于 1999 年获得联合国大会常任观察员席位。世界自然基金会则是全球最大的独立性非政府环境保护机构之一，他们极具辨识度的大熊猫会徽被视为自然保护的重要标识之一。国务院环境保护领导小组办公室主要负责此次接待工作，双方会晤后签署了谅解备忘录。根据会晤的共识，中国加入了 1980 年 3 月《世界自然保护大纲》的全球同步发布行动，这是一份全球自然保护的纲领性文件，由联合国环境

1979 年，世界自然保护联盟和世界自然基金会的联合代表团访华。这次访问，打开了中国自然保护与国际合作的大门。

汪松 / 供图

① 该机构最初于 1961 年建立时称为“世界野生生物基金会”，1986 年更名为“世界自然基金会”，美国分部等少数分支机构继续使用前一名称。为方便表述，本书中一律采用“世界自然基金会”这一名称。

规划署委托世界自然保护联盟起草；经过数年编写，最终经过联合国粮农组织、教科文组织、世界自然基金会等机构审定。《大纲》明确指出，“自然保护关乎全世界每一个人的切身利益”“只有将保护和发展相结合才能保证整个人类的生存和福祉”。《大纲》不仅提出并阐释了自然保护的目标，也为各国开展保护工作提供了政策性指导和具体的行动指南。基于《大纲》的原则和方法，国务院组织17个部委的200多名专家，编写了《中国自然保护纲要》，并于1987年5月正式发布。

自1980年起，中国环境科学学会、中科院自然资源考察委员会等单位陆续成为世界自然保护联盟的成员。1996年，中国正式成为世界自然保护联盟的国家成员。

中国也开始加入一系列与自然保护相关的国际公约。1981年，中国加入《濒危野生动植物种国际贸易公约》（又称《华盛顿公约》或《CITES公约》），该公约旨在通过有效管理确保物种的国际贸易不致危及野生动植物的生存。加入公约后，中国在当时的林业部设立了中华人民共和国濒危物种进出口管理办公室作为履约管理机构，在中国科学院设立了中华人民共和国濒危物种科学委员会作为履约科学机构，根据公约要求对野生动植物的进出口进行管理。

随后，中国又分别于1985年和1992年加入了《保护世界文化和自然遗产公约》（简称《世界遗产公约》）和《关于特别是作为水禽栖息地的国际重要湿地公约》（简称《湿地公约》，又称《拉姆萨公约》）。这两项公约都包含大量与保护地相关的内容，为中国的自然保护地建设提供了重要的参考架构和推动力量。截至2019年，中国共有17处自然遗产和4处自然文化双重遗产被列入《世界文化与自然遗产名录》，有56处湿地被列入《国际重要湿地名录》，并根据公约要求开展相应的保护行动。

1992年6月，中国签署《生物多样性公约》，成为该公约的第64个缔约国。根据公约要求，中国开展了生物多样性调查、就地保护、公众教育等相关保护行动，撰写了《中国生物多样性国情研究报告》，并制订了《中国生物多样性保护行动计划》和《中国生物安全国家框架》。

参加国际公约及其他交流活动，一方面带来新的认知保护工作的视角，同时也为中国在这个领域的工作提供了重要的参考和指导，推动中国建构起自然保护工作的框架。

1992年设立的中国环境与发展国际合作委员会（国合会）是国际交流给中国自然保护带来的另一大助力。这是一个直接面向中央政府的高级咨询机构，由相关领域的高层人士和专家组成，主要任务是沟通、交流成功经验，并对环境与发展领域的重大问题进行研究，提供政策性建议。国合会的设立使得研究成果有可能更直接、迅速地转变为实际的政策措施。国合会成立之初就设立了生物多样性工作组，汪松、陈宜瑜、约翰·马敬能（John Mackinnon）、谢彼德（Peter Johan Schei）、罗伯特·霍夫曼（Robert Hoffman）等国内外专业人士先后受邀成为工作组成员。工作组先后组织开展了“生物多样性的经济价值估算”“野生动物贸易调查和监测”“传统中药利用野生动植物对野生种群影响的评估”等调查研究工作。

开放也使得中国的野生动物保护迎来了新的力量：国际保护组织开始进入中国开展工作。1980年，世界自然基金会进入中国，参与的第一个项目保护对象正是被他们选作机构标志的大熊猫。为了更好地开展工作，世界自然基金会邀请了世界著名野生动物学家、曾被纽约《时代周刊》评选为“世界上三位最杰出的野生动物研究学者之一”的乔治·夏勒（George Schaller）博士开展合作。

其实早在20世纪70年代中期，我国著名的熊猫专家，南充师范学院（今西华师范大学）的胡锦矗教授已经开始了大熊猫的调查和研究工作，并于1978年在卧龙国家级自然保护区建立了全国第一个大熊猫野外观测站（当然也是全世界第一个），也就是赫赫有名的“五一棚”。1981年，以夏勒博士为首的国际团队，带着包括无线电线圈跟踪技术在内的当时世界上最先进的研究方法参加研究工作。经过数年艰苦工作，合作研究团队于1985年完成了世界上第一部全面探索大熊猫生态环境和习性的著作——《卧龙的大熊猫》，为通过科学研究指导野生动物保护工作树立了典范。国际合作不仅助力于野生大熊猫研究工作，也推动着中国野生动物保护理念的提升——更加重视野外种群，更强调保护地管理，从生态学的角度理解野生动物保护的意义。

同样在1980年来到中国的还有国际鹤类基金会（ICF）。基金会创始人、时任主席、鹤类专家乔治·阿基博（George Archibald）博士希望在中国寻找一种濒危的大型鸟类——白鹤（*Grus leucogeranus*）。时至今日，白鹤仍是全球15种鹤类中唯一被世界自然保护联盟列为极度濒危的物种。在20世纪七八十年代，白鹤在保护者眼中几乎已经濒临灭绝，在人们熟知的印度北部白鹤越冬地，观测到的白鹤仅剩十几只。阿基博博士联系了中国鸟类学家郑作新先生，希望能在中国找到白鹤。在郑先生的帮助下，阿基博在1980年冬天与中国科学院动物研究所的专家一起在长江中

（上）1979年5月，世界自然基金会团队来到卧龙访问和考察大熊猫的生活环境。胡锦矗带领基金会主席彼得·斯科特夫妇，以及林业部的王梦虎，在卧龙花岩子进行考察。

金雪淇 / 摄
黄燕 / 供图

（下）大熊猫保护历史上著名的“五一棚”，研究人员在极其艰苦的条件下开展工作。

乔治·夏勒 / 摄

20 世纪 70 年代，工作中的鸟类学家郑作新。

翁乃强 / 摄

下游进行调查，最终在鄱阳湖记录到 91 只白鹤，这一物种延续的希望被重新燃起。1983 年，鄱阳湖建立了江西省鄱阳湖候鸟保护区，并在 1988 年升级为鄱阳湖国家级自然保护区；白鹤迁徙途中的重要停歇地，如吉林的莫莫格、向海等地，也已被纳入保护区。如今，在鄱阳湖越冬的白鹤数量已经超过 3000 只。国际鹤类基金会随后又在黑龙江扎龙、贵州草海等地参与保护项目，极大地推动了中国的鹤类保护。

随着改革开放的深入，国际野生生物保护学会（WCS）、国际爱护动物基金会（IFAW）、保护国际（CI）、野生动植物保护国际（FFI）、绿色和平组织（Greenpeace）等越来越多的国际保护机构开始尝试在中国开展工作。它们为中国野生动物保护带来了宝贵的资金、技术和先进的理念，成为中国野生动物保护工作中不可忽视的力量。

野生动物和自然保护事业在 20 世纪 80 年代前后获得了国家层面更多的重视。1979 年，林业部重新设立，在林政保护司下设立了自然保护处，负责野生动物保护和自然保护区建设工作；中国野生动物保护工作有了专门的管理部门，而不再仅仅作为生产工作的一个方面。1980 年，林业部、公安部、司法部、最高人民检察院联合发出《关于在重点林区建立与健全林业公安、检察、法院组织机构的决定》，要求在林区建立健全林业公安机构。1984 年，林业公安局正式成立，成为日后野生动物保护执法的核心力量。1983 年，国务院发布《关于严格保护珍贵稀有野生动物的通令》，提出“保护珍贵稀有野生动物是建设社会主义精神文明和物质文明的一项重要内容，是每个公民应尽的职责”，将保护野生动物提升到了一个全新的高度。

自 1979 年开始，中国进入社会主义法制建设的高潮，野生动物保护也和生产生活的其他方面一样被纳入法律的管辖范畴。1979 年颁布的《中华人民共和国刑法》率先将“非法狩猎”和“非法猎捕、杀害珍贵、濒危野生动物”纳入刑事犯罪范畴，同年还颁布了《中华人民共和国森林法（试行）》和《中华人民共和国环境保护法（试行）》（这两部试行法分别在 1984 年和 1989 年成为正式法律）。在接下来近十年的时间内，全国人大先后通过了《中华人民共和国海洋环境保护法》（1982 年）、《中华人民共和国草原法》（1985 年）、《中华人民共和国渔业法》（1986 年）等与野生动物保护相关的法律。

1988 年 11 月，经过多年酝酿，《中华人民共和国野生动物保护法》（以下简称《野保法》）在第七届全国人民代表大会常务委员会第四次会议上通过，其明确提出“国家保护野生动物及其生存环境，禁止任何单位和个人非法猎捕或者破坏”。自 1989 年 3 月 1 日起正式施行，野生动物终于被正式纳入法律保护的范畴。《野保法》规定，国务院林业、渔业行政主管部门分别主管全国陆生、水生野生动物管理工作，原则上严禁猎捕重点保护动物，并对野生动物的狩猎、繁殖、运输采用了许可证制度进行管理。此外，还明确了公民保护野生动物资源的义务和举报违法破坏野生动物资源的权利。与之相呼应的是，经国务院批准，林业部和农业部1号令发布了《国家重点保护野生动物名录》。为了加强法律的威慑性，全国人大常委会还颁布了《关于惩治捕杀国家重点保护的珍贵、濒危野生动物犯罪的补充规定》。

同时，野生动物保护所面临的挑战也与以往截然不同。1978年，党的十一届三中全会后，经济建设成为工作的中心；1992年召开的党的十四大明确提出建立社会主义市场经济体制改革的目标。与野生动物相关的生产领域，如农业、渔业、林业等自然资源开发中，生产和管理模式都发生了巨大变化。驱动自然资源开发的主要动力不再是层层制订落实的生产计划，而是由市场主导的经济利益。从事生产工作的主体变得更加多元——家庭联产承包责任制的推广，使曾经在农村生产中占绝对主导地位的人民公社迅速瓦解，被俗称为“个体户”的个体经营者成为主体，其他方式的私营、合资乃至外资等非公有制生产者纷纷涌现。随着计划经济体制逐渐向市场经济过渡，越来越多的自然资源产品不再由国家统筹安排，转而由市场自由流通。1985年，国家取消了对毛皮等野生动物制品、集体林木材的统购统销。“政企分离”后，政府不再以生产组织者的身份直接制订、执行生产计划，仅以宏观调控等间接方式施加影响，更多地扮演管理者和监督者的角色，这样的变化在一定程度上降低了国家对开发规模和影响的控制力。

无论是对于个人还是企业，猎捕经济价值高的野生动物，通过砍伐木材，开发矿产、石材，挖沙等方式开发自然资源，都可以快速获取经济收入。即使是国有森工企业，由政府财政经费统一发放工资模式也最终让位于“自负盈亏”的市场经济模式。作为监管者的地方政府部门也并非置身事外，而是被税收和经济发展指标牵连在内。为实现短期的经济快速增长的账面数据而进行的高强度开发活动，无疑迅速冲击着野生动物和它们赖以为生的家园。

这种变化对野生动物的影响很快被保护工作者敏锐地捕捉到：北京大学的潘文石教授在秦岭进行大熊猫研究时就发现，从1990年开始，当地木材采伐的

昆明海关查获的走私野生动物制品。

奚志农 / 摄

方式和规模有所改变。森工部门以往主要以采育择伐为主要生产方式——只选择优质树木砍伐，同时对采伐区森林进行抚育恢复，采伐后林区仍会被大熊猫作为栖息地使用；而转变后则是将采伐区的天然林全部伐除，清除所有植被后转而种植日本落叶松等速生的外来物种，不能再为大熊猫提供生存空间。另一方面，采伐的强度也在增大。1988 年，林业局全年的生产计划为 30000 立方米；而 1993 年 7 月，不到一个月的时间就将一片超过 20000 立方米的森林全部砍掉。虽然潘文石教授不惜以放弃自己的研究项目为代价上书中央，最终制止了当地的采伐并促成了保护区建立，但这种生产上的变化绝非孤例，全国的野生动物都面临类似的威胁。

非法猎捕仍然是野生动物所面临的一项重大威胁。虽然随着生产发展，越来越多的人民群众不再需要依靠野生动物来补充肉类来源，但在经济大潮中，食用野味，以及药用、皮草、装饰品等其他类型的野生动物制品开始受到特定人群的追捧。在贸易带来的利益刺激下，许多不法分子试图通过盗猎野生动物牟利。1992 年，甚至有盗猎者潜入沈阳动物园，杀害并盗走东北虎。国家通过加强枪支管理，控制野生动物制品的应用来遏制盗猎和贸易给野生动物带来的威胁。1993 年，国务院发布通知，在严禁犀角、虎骨贸易的同时加强管理，并取消了这些濒危物种制品的药用标准。1996 年,《中华人民共和国枪支管理法》颁布，之后有关部门开始收缴民间枪支，对打击盗猎起到了积极作用。林业公安在打击盗猎方面做出了重要贡献，在正式成立后 30 年的时间里，共查处破坏森林和猎杀野生动物案件 450 余万起,收缴野生动物 7200 余万头。

20 世纪末，我国遭受商业盗猎打击最严重的物种之一就是藏羚羊。藏羚羊生活在自然条件恶劣的青藏高原腹地，长期以来较少受到人类活动影响。从 20 世纪 80 年代起，由藏羚羊御寒绒毛制成的“沙图什”披肩受到欧美时尚界的追捧，从而引发了人们对这一物种的疯狂盗猎。原本有百万之数的藏羚羊，到 1995 年数量已经断崖式下降，仅余 5 万 ~ 7.5 万只。

1985 年，潘文石教授在秦岭，工作人员用无线电追踪熊猫的踪迹。

向定乾 / 供图

1992 年，在见证了藏羚羊被屠杀的惨剧后，中共青海省玉树州治多县县委副书记杰桑·索南达杰在其建立的县委会西部工作委员会下成立了一支反盗猎队伍，开始在可可西里的荒原上与盗猎分子展开残酷斗争。这支没有正式编制的队伍在日后有了一个驰名中外的名字“野牦牛队”，成为令盗猎分子闻风丧胆的克星。1994 年 1 月 18 日，队长杰桑·索南达杰在可可西里的太阳湖畔为抓捕盗猎分子壮烈牺牲，但反盗猎的战斗并没有因此而停止。时任玉树藏族自治州人大法工委副主任的奇卡·扎巴多杰继承了索南达杰书记的遗志，在 1995 年招募治多县藏族志愿青年和退伍军人，提升了“野牦牛队”的实力。他们累计查获盗猎犯罪嫌疑人近 400 人次，缴获藏羚羊皮近 5000 张。扎巴多杰和许多环保人士多方奔走，最终促成了可可西里自然保护区的建立，并于 1997 年底升格为国家级自然保护区。另一方面，著名野生动物专家乔治·夏勒博士也在国际上发声，揭穿了盗猎者编造的“制作沙图什的材料是由当地居民采集自挂在灌丛上的羊绒”这一谎言，让国际社会看到了沙图什背后的血腥屠杀。1997 年底，摄影师奚志农深入青海可可西里报道野牦牛队保护藏羚羊的事迹，以及藏羚羊被大肆猎杀的危急状况，极大地促进了国内外公众对长江源头生态及藏羚羊保护的关注。

最终在多方努力下，藏羚羊种群数量逐渐回升。2016 年 9 月更新的世界自然保护联盟濒危等级也对其进行了下调，从“濒危”直降两级调整成“近危”。

作为保护野生动物及其栖息地的重要途径，以自然保护区为主体的自然保护地建设也在如火如荼地推进。1979 年 7 月，全国农业自然资源调查和农业区划工作第二次会议召开，推行自然保护区区划和科学考察工作，拉开了新一轮保护区建设的序幕。一大批野生动物栖息地随后被纳入保护区：海南长臂猿最后的庇护所霸王岭在 1980 年成立保护区，神农架、梵净山、白马雪山等保护区则为当时人们所知的三种金丝猴（川金丝猴、黔金丝猴、滇金丝猴）留下了宝贵的家园；保护区所覆盖的栖息地类型也不再局限于森林，

奇卡·扎巴多杰书记组织反盗猎巡护。

奚志农 / 摄

1998 年 12 月，阿尔金山。被盗猎者遗弃的藏羚羊头骨，有的角上还有小口径步枪的弹痕。摄影师特意把它们摆在这片阳光初升的荒原上，以记录下盗猎者的罪证。

奚志农 / 摄

黑龙江扎龙、江苏盐城、贵州草海、江西鄱阳湖等湿地类型保护区为水鸟提供了重要的越冬、繁殖场所，1985 年建立的锡林郭勒自然保护区则成为全国第一个草原类型保护区，1990 年建立的三亚珊瑚礁国家级自然保护区则是第一批国家级海洋类型自然保护区的代表。

与此同时，自然保护区建设几乎是在与“以经济发展为目的”的各种土地开发项目赛跑。随着土地和自然资源不断被开发，将野生动物栖息地转变为农田、养殖场、经济林地、工厂、矿山……在高速发展的经济环境下，全国的土地利用都在发生显著的变化。在这种背景下，保护区的快速建立无疑为野生动物留下了弥足珍贵的家园。1978 年底全国仅有 34 个自然保护区，仅占国土面积的 0.13%；到 1993 年已迅速增长至 763 处，占国土面积的 6.84%，数量增长了 20 多倍，面积更是增加了 50 多倍。

在保护区迅速壮大的同时，有关部门也在努力完善保护区管理体制。1985 年，经国务院批准，林业部率先发布了部门行政法规《森林和野生动物类型自然保护区管理办法》，为自然保护区的建设管理提供了指导；一直以来绝大多数自然保护区归林业系统管辖，农业、地质矿产、水利、海洋等有关行政主管部门也在各自的职责范围内设立了保护区。于是，1994 年国务院进一步发布了针对所有保护区的《中华人民共和国自然保护区条例》，使保护区管理有了明确的法律依据。根据《自然保护区条例》内容，保护区不仅需要限制人类活动对自然生态的影响，还需要承担对辖区内野生动物等自然资源情况进行调查监测的任务。

这一时期自然保护区划定建立的速度极快，一些保护区没能及时跟上建立有效保护所需的管理机构，虽然有大面积的区域被划定为保护区，但由于人员编制和财政预算未能得到落实，不能开展切实的保护行动，保护区只是停留在纸面上；一些保护区虽然有人员编制，但力量薄弱，只能勉强维持护林防火工作，无力进行《自然保护区条例》所要求的资源调查和监测。

绝大多数保护区都面临着来自经济发展的巨大压力，特别是如何处理好与生活在保护区周边，乃至保护区内的居民之间的关系，是保护区工作面对的巨大挑战。由于我国人口众多，除西部少数地区外，野生动物的栖息地往往与居民的生产生活区域彼此交错。老百姓千百年来形成了靠山吃山的习惯，“野物无主，谁猎谁有”的观念普遍存在，保护区周边民众以往习惯了通过捕猎、采集、砍伐获取生活所需；在经济改革市场放开的背景下，他们也能够通过商品贸易将这些产品转变为额外的收入。而保护区建立后，野生动物栖居的核心区原则上严禁任何人类活动；虽然《自然保护区条例》和林业部的《管理办法》都根据国情提出了设置“实验区”，允许一定的人类活动，但砍伐、放牧、狩猎、捕捞、采药、开垦、烧荒等破坏性活动仍不被允许。从保护区周边的民众角度看，保护区的建立相当于斩断了重要的收入来源；在一些情况下，保护区由于考虑野生动物栖息地完整性等原因，建立时将社区所有的集体林，甚至将民众居住的村庄都划入保护区范围，因此社区民众往往与保护区管理部门存在激烈的矛盾。而在大量保护区快速建立的背景下，这种矛盾更加凸显出来。在缺乏监管的区域，盗伐盗猎盗采的情况十分严重。

实地保护工作者们努力在这种保护和发展的困局中寻找出路。相比受到更多约束的政府部门，国际非政府组织进行这类尝试更为灵活，也能借助在世界其他地区工作的经验。1997 年，美国留学归国的吕植作为世界自然基金会物种与保护区中国项目主任，开始在有“大熊猫第一县”之称的四川省平武县开展新一轮的保护尝试——平武大熊猫综合保护试验项目。在关注大熊猫等野生动物的同时，她还把目光落在了保护区周边社区上——尝试帮助社区居民改变依赖自然资源的生产生活方式，协调保护区与周边社区的关系。通过引入沼气池和节柴灶，降低居民对薪柴的需求，从而减少对森林的采伐；通过引入和发展青蒿、花椒等经济作物，并帮助种植者打开销路，作为采伐、放牧和打猎的替代生计，改善居民的生活水平；引入生态旅游活动，创造就业机会的同时，帮助居民认识身边自然的价值……平武项目的尝试，终于让保护工作者看到，社区与保护区，发展与保护并非天然对立，真诚的意愿和合理的工作方法，可以找出一条多赢的道路。而类似的工作，在贵州草海、湖北洪湖、广西崇左都在开展，时至今日，社区参与保护几乎已经是自然保护工作的核心范式之一。

压力不仅仅来自保护区周边社区，许多保护区所在地也由于土地利用或自然资源开采等经济发展的需要而忽视了自然保护区的建设。许多野生动物重要的栖息地因此未能建立起保护地，已建立的保护区也由于开发需要而被调整范围——如长江上游珍稀特有鱼类国家级保护区就因水电站建设而多次调整范围，新疆的卡拉麦里有蹄类自然保护区则是由于矿产开发而被大幅缩减范围，被认为留存了中国最后的秘境的墨脱雅鲁藏布江大峡谷保护区也长期处于水电站建设的威胁之下。

随着野生动物保护日益受到重视，一大批珍稀濒危的野生动物保护工作也在这一时期启动。被誉为“东方红宝石”的朱鹮（*Nipponia nippon*）在 80 年代初被重新发现。根据林业部、中科院的信息，朱鹮在 1964 年之后就再也没有观测记录。1978 年 9 月，受国务院委托，中国科学院动物研究所受命组成专家考察组，开始了漫长的寻找。1981 年 5 月，经过近三年行程超过 5 万公里的搜寻，中国科学院的鸟类学家刘荫增终于在陕西省洋县姚家沟发现了 7 只野生朱鹮——这一物种延续的最后希望。为了保护这些国宝，刘荫增的小组一面向村民们进行宣传，一面向洋县政府求助。朱鹮发现四天后，洋县政府发布了一份保护朱鹮紧急通知——《关于认真保护世界珍禽朱鹮的紧急通知》，明确提出“四不”，即不准在朱鹮活动区狩猎、不准砍伐朱鹮营巢栖息的树木、不准在朱鹮觅食区使用化肥农药、不准在朱鹮繁殖巢区开荒放炮，迅速传达到全县每一个乡镇。县林业局抽调了一个四人小队入驻姚家沟专门负责朱鹮的保护，成为这个只有 7 户人家的小山村的第 8 户。不久，中国第一个专业朱鹮保护机构——秦岭一号朱鹮群体临时保护站在此正式成立。区区 7 只个体，承载了一个物种延续的希望。原本正常的自然干扰，如天敌的捕食或恶劣天气，都可能导致朱鹮彻底灭绝。为了保证朱鹮种群得以延续，四位研究保护人员在每棵巢树下搭建观察棚，进行 24

1981 年在洋县姚家沟发现朱鹮最后的野外种群后，研究保护人员迅速建立起保护站。图为秦岭一号朱鹮群体临时保护站在姚家沟成立。

张跃明 / 供图

小时监护，甚至需要在树干上安装防护设施避免蛇、鼬等天敌上树捕食雏鸟。经过多年的保护努力，如今我国野生朱鹮的数量已超过 3000 只。

俗称“四不像”的麋鹿也在久别后重新回到华夏大地。它们曾经在黄河流域、中原地区和长江中下游的湿地中驰骋，随着人类活动的扩张，麋鹿逐渐在野外消失；及至清朝仅存的麋鹿放养在北京南海子的皇家猎苑中。1900 年八国联军攻入北京后，麋鹿在中国绝迹，仅有少数之前被劫掠到欧洲的种群在动物园或庄园中繁衍。1898 年起，英国的十一世贝德福德公爵赫尔布兰德收集了散落在欧洲动物园中的 18 头麋鹿，放养在乌邦寺庄园中，它们成为全世界最后的麋鹿种群，到第二次世界大战后，乌邦寺的麋鹿已繁衍至数百头。十四世贝德福德公爵一直希望能将一些麋鹿送归家园，他的夙愿最终由他的继承人——十五世公爵安德鲁实现。1984 年，在牛津大学研究麋鹿的专家玛

1981 年，研究人员在陕西洋县重新发现野生朱鹮。

刘荫增 / 摄

雅・博伊德女士受托来中国联系麋鹿再引入的事宜，获得了当时城乡建设与环境保护部和北京市政府的积极回应。最终在北京南海子，这个麋鹿在中国最晚消失的地方，重新建起了麋鹿苑，22头经过精心挑选的麋鹿于1985年重新回到故乡。次年在世界自然基金会的协调下，一批来自伦敦动物园的麋鹿落户江苏大丰。在那之后，中国的麋鹿种群不断发展壮大，如今已超过2000头。湖北石首保护区散养的麋鹿甚至借着洪水之机开始自然扩散，形成了野生种群。

科研人员也在展开更多对野生动物的调查和研究，这些工作并非局限于几个重点物种，还包括对中国野生动物和生物多样性整体情况的评估。国家"八五"基础重大研究项目"中国生物多样性保护生态学的基础研究"等一系列科研项目启动。1998年，经过数十位专家十余年的共同努力，《中国濒危动物红皮书》终于得以出版。该书的编写参考了最具权威性的世界自然保护联盟标准，由中华人民共和国濒危物种科学委员会主持，汪松教授担任主编，对中国野生动物的受胁情况进行了相对全面的总结。四卷《红皮书》收纳了鱼类、两栖类、爬行类、鸟类和兽类共500多个物种的分类、分布、种群现状、致危因素、保护措施等全面信息，无论对于科学研究还是保护实践都具有重要意义。

随着社会的进步，普通公众对野生动物的价值认知逐渐发生变化——大熊猫、金丝猴、扬子鳄、朱鹮、藏羚羊等"明星物种"越来越多地得到人们的关注，野生动物保护的理念也逐渐获得更多的认同。更多的人将"野生动物"视为需要保护的生灵，而不是要消灭的目标；将它们视为另一种生命形式，而不仅仅是待开发的资源。这种转变一部分要归功于科普宣传，而文化的复兴和发展也功不可没。各种书籍、报刊成为普通民众了解我国自然生态和野生动物的重要窗口，1980年创刊的《大自然》杂志便是其中的典范。中央电视台于1981年12月31日开播的节目《动物世界》更是风靡一时，野生动物保护成为一个热门的话题，甚至出现在中央电视台春节联欢晚会的舞台上——姜昆与唐杰忠合作表演的相声《虎口遐想》说道："有个《野生动物保护法》你知道吗？谁打死老虎，判刑两年啊……"

意识上的转变也反映在人们的行动上，1983年四川邛崃山系大熊猫栖息地的竹子大面积开花枯死。当媒体将"竹子开花，大熊猫断粮"的消息报道后，立即引起了全社会的反响。经济尚不宽裕的中国民众纷纷解囊为拯救国宝捐款，企事业单位也不甘落后，每一个产品上用到大熊猫形象的企业，都为熊猫捐了款。为了妥善调配善款投入大熊猫保护工作，中国野生动物保护协会应运而生。

中国民间保护力量也在慢慢成长，1994年，中国第一个全国性民间环保组织"自然之友"在北京注册成立；1995—1996年"为滇金丝猴发声"的活动则是这股力量的一次重要亮相。当时云南德钦县白马雪山保护区外的一片原始森林面临被砍伐的命运，那里栖息着200余只国家一级重点保护野生动物滇金丝猴。当时在云南省林业厅工作的奚志农通过多方求助，找到了《大自然》杂志的前主编唐锡阳先生。唐先生一方面帮助奚志农致信当时主管相关工作的国务委员宋健，一方面联络媒体发声呼吁。此事被媒体披露后，在首都掀起了一股保护生态环境的绿色浪潮。"大学生绿色营"也由此拉开帷幕，一群来自高校的热血青年，在唐先生的组织下组建了一支队伍，前往德钦进行了为期一个月的有关生态、社会、经济的调查研究，并将信息及时反馈给社会，引起强烈反响。最终在宋健同志的批示下，滇金丝猴生存的森林得到保护，而"大学生绿色营"也发展成为培养中国保护工作者的重要阵地。著名动物学家、阿拉善SEE基金会秘书长张立、前自然之友总干事李波等都曾参加大学生绿色

1984 年北京动物园售票处前，
广大群众踊跃为大熊猫捐款。
范志勇 / 供图

营的活动。

虽然改革开放后野生动物保护的理念在官方和民间都得到较大提升，但野生动物所面临的威胁也随着经济活动发展与日俱增，发展与保护的矛盾日益突显。面对即将来临的新千年，国家编制了一系列自然生态保护相关的中长期规划。1994 年 3 月，国务院批准了由国家计划委员会和国家科学技术委员会牵头，组织 52 个部门、机构和社会团体编制的《中国 21 世纪议程：中国 21 世纪人口、环境与发展白皮书》，确认实施可持续发展战略；2000 年，国务院发布《全国生态环境保护纲要》，梳理了新世纪初中国在自然保护方面的建设脉络。中国野生动物保护在 21 世纪又迎来了新的提升。

1993 年 7 月 14 日，白马雪山，一个滇金丝猴的完整家庭，在海拔 4500 米左右的岩石上休息。

肖林 / 摄

（下左）史料：宋健同志给唐锡阳先生的信件。

（下右）史料：奚志农为了滇金丝猴的保护工作，写给宋健同志的信。

自然保护区研究会
唐锡阳同志：
　　敬读大作《环球绿色行》，不胜钦佩。[illegible]，谆谆[illegible]，感激不尽。
　　受命理环境，深惧其难。子曰："饥寒弱，不[illegible]耻"。[illegible]为：Suffering hunger and Cold, no sense of shame to hold!
　　发展之初，起飞之时，人们不愿听保护环境。欧、美早期何不如此？以长远看，您、我等，还应呼号、奔走，为发扬人之良知，引发社会之觉醒。即使有如冯唐、李广之不得封，司马、贾谊之遭贬，也不会改悔。[illegible]，与长天一色，[illegible]。[illegible]！
　　保护和建设环境，需要民众觉悟和实力条件。中国两者均渐渐成熟。我佩服您的毅力和精神。当代中国，公众奋醒之日，才达成可持续发展之日。
　　[illegible]大函，怀"钟期相遇，奏流水何惭"之情，[illegible]所思同感于[illegible]。
　　向马霞夫人致敬意。异国同道，结成伴侣，宇宙之缘也！
敬贺新年
阖安
宋健 1993年12月30日凌晨

尊敬的宋健同志：

　　您好！

　　我是一个普通干部。因为热爱大自然，才扛起了摄影机。这两年主要在滇西北拍摄滇金丝猴。这里位于云南、四川、西藏以及邻邦缅甸交界的横断山脉，平均海拔3559米，夹矗在金沙江和澜沧江之间，高差达3480米，临近云南的最高山峰——海拔6740米的梅里雪山。地理特殊，气候迥异，遗存古老，既有以滇金丝猴为代表的珍禽异兽，也有以亚寒带高山暗针叶林为代表的森林群落，而且这一地区作为长江上游森林的一部份，它的存在，影响着长江的流量及其泥沙含量。这对于下游的大型水利工程（三峡和葛洲坝等）有着重要影响。同时，在一定程度上，它也攸关着下游广大地区社会经济的发展。我越深入，越喜欢这个地方，同时也为这个地方的命运担忧。虽然这里地处偏僻，山高谷深，交通险阻，人为的干扰影响在以前是局部的和有限的；但近年来，本地少数民族人口发展很快，开垦农田和牧场，砍伐森林，狩猎动物，给这个奇特而原始的地区带来了越来越大的压力。现在更令人不安的是，保护区所在县——德钦县为了解决财政上的困难，决定在白马雪山自然保护区的南侧，计划砍伐原始森林一百多平方公里。目前，新修公路已逼近这片森林，开春就动手商业采伐了。看到这个情况，我忧心如焚。这片森林景观和保护区完全相同、空间上天然一体，并且实质上也是滇金丝猴分布的核心地带。据调查，这里有滇金丝猴200多只，约占全球滇金丝猴总数的五分之一；而且专家们早已急切地要求有关部门把这片森林划归保护区，以便使之得到最大限度的保护。为此我上下奔走，呼吁刀下留情，但毫无结果。地方说："我们工资都发不出了。谁想制止，谁给钱"。上面没有钱，只好听之任之；下面也就为所欲为了。

　　一百多平方公里的原始自然林和栖息其中的一类保护动物滇金丝猴，这不是一个小事呀。人啊人啊，难道就如此残忍，如此自私，如此短视？！ 这片原始森林和林中的滇金丝猴已经生存千百万年了，千百万年没有破坏，为什么一定要毁坏在我们手里。我这不是责备德钦县的政府和人民，这是全人类的责任。要解决经济困窘，要脱贫致富，光靠他们自己是有困难，确实需要州、省、中央甚至国际社会的援助，以及长江下游经济发达地区的帮助和支援。这个援助，

千禧年：

生态世纪和保护升级

在世纪之交，天然林保护工程等一批生态建设工程大幅推动了中国的野生动物保护。随着生态保护在国家工作中的地位日益提升，中国逐渐找到了协调发展与保护关系的方向。党的十八大确定了生态文明建设为社会主义建设“五位一体”中不可或缺的一环，野生动物保护与建设发展终于合二为一。国家公园体制试点正在重新整合中国的自然保护地体系。与此同时，更多元的力量加入野生动物保护。众多企业以资金和技术等方式支持保护工作，本土的自然保护组织发展壮大，成为一支不可忽视的力量；互联网、移动互联的蓬勃发展，使得每一个普通人都有机会以自己的方式助力野生动物保护。

1998年夏，长江流域及北方的嫩江、松花江流域出现历史上罕见的特大洪灾。滔天的洪水下，良田被淹，城镇被毁，数以万计的民众流离失所；洪灾造成的直接经济损失达1666亿元，间接损失更是难以计数。虽然连续强降水对灾害的形成起到推波助澜的作用，但灾害元凶毋庸置疑是植被破坏造成的水土流失。为了从根本上解决生态之患，国家以巨大的魄力发起了天然林保护工程。经过两年的试点，天然林资源保护工程于2000年正式开始一期工程，以《长江上游、黄河上中游地区天然林资源保护工程实施方案》和《东北、内蒙古等重点国有林区天然林资源保护工程实施方案》为核心，实施范围涉及长江上游、黄河上中游、东北、内蒙古以及新疆、海南等重点国有林区的17个省（区、市）的734个县和167个森工局，也为生活在这些森林中的野生动物保住了家园。随后国家林业局又启动了退耕还林工程和退牧还草工程，林业的工作方向开始整体由资源开发向生态保护转变。

以此为契机，2001年“全国野生动植物保护和自然保护区建设工程”正式启动，大熊猫、虎、亚洲象等十五大类重要物种与一批作为野生动物栖息地的典型生态系统成为工程建设的重点。在工程规划下，一批新的保护区得以建立，已有保护区在基础设施和器材，以及人员配置、工作能力等方面也得以加强。

野生动物和自然保护需要解决的最大挑战仍然是协调发展和保护的关系。青藏铁路是中国世纪之交的重要战略西部大开发的标志性工程。这条有“天路”之称的运输大动脉，从设计到修建过程中始终注意消减工程对生态脆弱区产生的影响，其中引人关注的一点就是铁路需要从藏羚羊产崽迁徙的必经之路穿切而过。为了保证工程建设和之后的铁路运行对藏羚羊和其他野生动物不产生较大影响，以中国科学院动物研究所杨奇森研究员为首的科学家团队加入了青藏铁路的设计工作中，最终青藏铁路共设置了33处全长共58.9公里的野生动物通道。2006年7月1日青藏铁路全线通车，9月产羔后回迁的藏羚羊中超过98%经过这些通道。就在青藏铁路修建期间，全国人大常委会通过了《中华人民共和国环境影响评价法》，从法律的高度要求规划和建设项目评估环境影响。

随着中国经济实力的不断增强，曾经为推动中国自然保护做出重要贡献的许多国际保护机构和保护项目逐渐不再将中国的保护工作作为重点支持的对象。在这样的背景下，中国本土的民间保护机构承担起越来越多的责任。许多国际保护组织在中国的分支机构“孵化”新的本土机构，不仅继承了前者在保护理念、工作方法、关键技术、关注领域等方面的“遗产”，更结合中国国情和自身特点将这些优势发扬光大，如由保护国际中国项目发展而来的山水自然保护中心，基于大自然保护协会（TNC）中国项目形成的桃花源

青藏铁路设置了33处全长共58.9公里的野生动物通道，供藏羚羊等野生动物通行。

张强 / 摄

基金会，以及由野生动植物保护国际（FFI）中国项目衍生的美境自然等。

企业的加入也使中国野生动物保护获得了宝贵支持。2000年，作为世界上规模最大的环保奖评比活动之一，福特汽车环保奖进入中国，并成为中国规模最大的由企业举办的环保奖评选活动。截至2019年，福特汽车环保奖支持了野牦牛队、北京大学崇左生物多样性研究基地、荒野公学等各类保护团体和个人超过400个，累计授予奖金超2800万元。

2004年，以中国企业家为主体的阿拉善SEE生态协会成立，并于2008年发起成立阿拉善SEE基金会（2020年更名为北京市企业家环保基金会），在十余年的时间内直接或间接支持了近700家（位）中国民间环保公益机构或个人的工作。除了支持保护项目外，基金会还于2012年发起了专门扶持中国民间保护组织发展的“创绿家”和“劲草同行”项目。其中“创绿家”项目如同保护界的“天使投资人”，截至2019年10月，共为340多家处在初创期的保护组织提供了总额超过3250万元的资助；而“劲草同行”则旨在助力优秀机构成长为保护领域的中坚力量，基金会不仅提供资金支持，还为受支持的机构匹配导师，在团队建设、资源管理、传播影响等方面提供指导建议。

在阿拉善SEE基金会等社会资源支持下，中国本土的保护组织也如雨后春笋般涌现。从关注太行山脉的华北豹开始，2008年成立的中国猫科动物保护联盟（CFCA，简称猫盟）如今已经发展成在微博上粉丝超过百万的“网红”保护机构，更在山西和顺县建立了华北豹保护基地。成立于2012年的红树林基金会的工作集中在华南沿海的滨海湿地保护，在滨海生物多样性调查、公众自然教育、生态公园托管等方面都做出了示范。2015年成立的云山保护则以中国濒危的长臂猿为关注对象，通过与自然保护区合作，在进行科

“云山保护”进行长臂猿调查，由于长臂猿活动的特点，调查人员在天亮前就需要开始行动。

云山保护 / 供图

保护工作者安装红外相机。

野生生物保护学会 / 供图

学调查研究的同时迅速将这些成果转化为保护行动。

企业对保护的推动不仅体现在资金上，也包括新的思维方式和渠道。许多保护机构很早就开始与保护区周边的社区合作，开发不影响野生动物生存的保护地友好型的生态产品，如不施加农药化肥的大米、蜂蜜、可持续采集的蘑菇等；商业合作伙伴的加入不仅为这些产品进行了更符合市场需求的设计，也利用自有销售渠道予以推广，实现更好的收益。另一方面，一些企业也开始重新审视自身的生产经营模式，努力向自然生态友好的方向转变，如 2016 年阿拉善 SEE 发起了中国房地产行业绿色供应链行动。

更多元的力量也在不断加入，为中国野生动物保护助力。影视界和体育界的明星，如著名篮球运动员姚明、功夫巨星成龙等，纷纷为野生动物保护发声，使保护的理念在公众中得到了更广泛的传播。

自然生态保护一步步地融入国家建设的总体布局。2007 年，“生态文明”首次被写入十七大报告。2011 年 6 月，国务院印发《全国主体功能区规划》，根据不同区域的资源环境承载能力、现有开发强度和发展潜力，进行统筹规划，确定各区域的主体功能，并根据主体功能不同进行分类管理。对于以生态服务为主体功能的区域，限制或禁止开发；作为野生动物重要栖息地的国家级自然保护区、世界文化自然遗产、国家森林公园等自然保护地，全部被列为禁止开发区域；限制开发的 25 处国家重点生态功能区中，也包括川滇、藏东南、东北三江平原等 7 处生物多样性维护型区域。对于这些区域而言，开展自然生态保护成为工作的重点。

2012 年是中国自然保护的一个重要节点。在党的十八大上，生态文明建设与经济建设、政治建设、文化建设、社会建设共同组成了中国特色社会主义事业“五位一体”的总体布局，在“山水林田湖草，一个生命共同体”和“绿水青山就是金山银山”的理念指引下，中国野生动物保护迈上了一个新的台阶。

紧随十八大的布局，全国人大对《草原法》《渔业法》《海洋环境保护法》《环境影响评价法》等一系列自然保护相关的法律法规进行了修订，以适应新的发展需求，其中 2014 年修订、2015 年 1 月 1 日起实施的《中华人民共和国环境保护法》被称为“史上最严法规”。新《环保法》不仅提出了更严格的标准，更是突破性地提出环境信息公开和公益诉讼制度。众多科学家、保护工作者呼吁良久的《野生动物保护法》也在2017年得到重新修订，相比1989年版本“保护和利用并举”的提法，新法更加强调“保护”，并且将对野生动物至关重要的“栖息地保护”正式纳入法律文本。

法律的逐渐完善为动物保护工作者提供了更为有力的法律武器。2018年8月，全国首例濒危野生动物保护预防性公益诉讼——绿孔雀栖息地保护案在云南省昆明市中级人民法院环境资源审判庭开庭。2017年3月，保护人员确认了国家一级重点保护野生动物绿孔雀于正在建设的红河（元江）干流戛洒江一级水电站的上游淹没区内的活动踪迹，而水电站一旦开始蓄水，这片中国境内绿孔雀最重要的栖息地将遭受灭顶之灾。自然之友、野性中国和山水自然保护中心三家保护机构一方面紧急致函环保部，建议暂停水电站项目，一方面着手进行更细致的实地调查。调查发现该工程的环境影响评价存在重大问题，对绿孔雀栖息地受到工程影响评价与事实严重不符，而根据工程计划，当年11月水电站就将截流蓄水。自然之友于2017年7月12日向云南省楚雄彝族自治州中级人民法院提起公益诉讼，将工程方中国水电顾问集团新平开发有限公司和环评单位中国电建集团昆明勘测设计研究院有限公司推上了被告席，一场围绕着绿孔雀栖息地的法律交锋就此展开。本案的特别之处在于，它发生在破坏正式发生前，若淹没已经发生，经济赔偿也无法扭转濒危动物灭绝带来的损失，而法律提前介入则有可能防止悲剧的发生。诉讼案立案后，水电站的建设暂时停工，随后绿孔雀栖息地于2018年被划入《云南省生态保护红线》；2020年3月20日，昆明市中级人民法院做出一审判决：被告立即停止基于现有环评下的水电建设项目，不得截流蓄水，不得对水电站淹没区内的植被进行砍伐。“绿孔雀栖息地保卫战”取得了难能可贵的阶段性胜利。

野生动物保护工作曾经面对的一大挑战就是保护工作不能带来切实的收益，保护地周边居民无法从保护中受惠，很难长期支持保护工作。资源有偿使用和生态效益补偿是协调保护与发展的核心机制之一，基

河岸沙滩上漫步的绿孔雀。一旦水电站开始蓄水，这些绿孔雀赖以为生的环境将面临灭顶之灾。

庄小松 / 摄

于生态系统服务功能的概念，首先从理念上转变以往“良好的生态环境是免费午餐”“自然保护没有效益”的认知，保护参与者可以通过保护、建设良好生态获得收益。以往老百姓靠山吃山是砍树、猎捕野生动物，新模式的靠山吃山是守护绿水青山，通过其水土保持、文化休闲等服务功能收费，这种收益模式显然比以资源消耗为代价的收入更为长久。2001年正式启动的“森林生态效益补助资金”是中国生态补偿的重要起始点，当时以中央财政支持的方式对重点公益林保护和管理进行补偿。之后生态补偿的探索又逐步扩展，将草原、湿地、海洋等自然生态系统的保护都纳入生态补偿的范畴。生态补偿的模式也由中央财政支持向多元化发展，如新安江流域下游的浙江向上游的安徽省以横向财政转移支付的方式进行。十八大后生态补偿机制的探索进一步推进，2016年，国务院办公厅发布《国务院办公厅关于健全生态保护补偿机制的意见》。2019年，国家发改委等九部委又发布了《建立市场化、多元化生态保护补偿机制行动计划》，从扩大补偿范围、加大补偿力度、创新补偿机制等方面推动生态补偿工作的开展。

而生态文明绩效评价考核和责任追究制度，使自然保护工作在政府工作中，特别是划为生态服务功能区的地方政府工作中的重要地位进一步得到确立。2015年，为严肃查处自然保护区典型违法违规活动，环境保护部等10部门印发《关于进一步加强涉及自然保护区开发建设活动监督管理的通知》。国家林业局也开展“绿剑行动”，坚决查处涉及各级自然保护区的违法建设活动。

在整治过程中，甘肃祁连山自然保护区成为被中央点名的重点对象。祁连山作为国家生物多样性保护优先区域，是雪豹、岩羊、马麝等国家重点保护野生动物的重要栖息地，1988年就批准设立为国家级自然保护区。然而长期以来，祁连山局部生态破坏问题十分突出，存在违法违规开发矿产资源，部分水电设施违法建设、违规运行，以及周边企业偷排偷放等问题。2015年的环保督察工作中，环保部就通过卫星遥感发现祁连山保护区内违法违规活动严重，并对其进行公开约谈，但这并未引起甘肃省政府的重视，拖延至2016年底，尚有大量生产设施未按要求清理。甘肃省政府未重视的问题，却受到党中央的高度重视，多次要求“抓紧解决突出问题，抓好环境违法整治，推进祁连山环境保护与修复”。2017年，由党中央、国务院有关部门组成中央督查组就此开展专项督查，对甘肃祁连山国家级自然保护区生态环境破坏典型案例进行了深刻剖析，并对超过100位有关责任人做出严肃处理。而祁连山一定程度上也“因祸得福”，成为第一批国家公园试点。

2013年，中国共产党十八届三中全会提出建立中国国家公园体制，开始了新的保护地体制尝试，并先后建立了三江源、东北虎豹、大熊猫、武夷山、神农架等10个国家公园试点。2017年，中共中央办公厅、国务院办公厅正式印发《建立国家公园体制总体方案》。党的十九大报告明确提出“建立以国家公园为主体的自然保护地体系”。国家公园体制探索，期望改变以往保护地交叉重叠、多头管理的碎片化问题，为未来自然保护地的建设在工作内容、工作方式、资源整合等方面都提供了新的思路和新的可能。

新的政策和法律环境为野生动物保护工作提供了更多的便利，而保护管理部门也在尝试新的保护模式。三江源国家公园的“生态公益管护员制度”就是一个有趣的创新。早在2011年国务院发布的《青海三江源国家生态保护综合试验区总体方案》中，首先提出了“以农牧民为主体”的保护模式。著名环保非政府组织山水自然保护中心在三江源区域开展工作时，尝试邀请当地牧民加入野生动物监测和反盗猎，请他们在放牧的过程中帮助记录观测到的野生动物，关注可能的盗猎现象，取得了较好的效果。2015 年，三江源国家公园建立之后，参考这一模式，国家公园管理局将牧民参与监测管护的模式正规化：园区内的 16421 户牧民，每户都有一个人被聘为管护员。这些人每个月将会得到 1800 元的工资，并相应地承担反盗猎巡护、生态监测等工作。而“一户一岗”的生态公益管护员，也成为三江源国家公园内非常重要的制度创新。由政府来采购牧民的保护服务，认可牧民在生态保护中的价值，让牧民不仅不再成为保护的对立面，不再是需要规避的威胁因素，而真正成为保护工作中的重要力量，这也是保护工作中一个重要的理念转变。

2018 年，新一轮国务院机构改革，结束了自然资源及保护多头管理的局面，实现了由一个资源综合部门——自然资源部管理；国家林草局也加挂国家公园局的牌子。2019 年，全国所有类型的保护地都划归林草局下的自然保护地司管理。国家公园体制试点在 2020 年完成并取得了初步成功，为构建统一的自然保护地分类分级管理体制、整合并优化中国自然保护地体系做出了探索，进一步为野生动物保护理清了管理体系。2021 年，首批 5 个国家公园正式设立，包括三江源国家公园、大熊猫国家公园、东北虎豹国家公园、海南热带雨林国家公园和武夷山国家公园。中国国家公园体系建设开始提速，预计到 2025 年保护地面积将覆盖陆域国土面积的 18% 以上，2035 年将建成以国家公园为主体的自然保护地体系。

中国自然生态和野生动物保护整体正逐渐向好的方向发展，但仍然任重道远。由于长时间的自然生态破坏和高强度捕猎，一些物种的生存状况已岌岌可危，甚至积重难返。2002 年，在武汉中国科学院水生生物研究所生活了 22 年的白鳖豚“淇淇”溘然长逝。2006 年，来自 7 个国家的科学家对长江进行了为期 40 多天的白鳖豚野外科考，结果这次史上规模最大的搜索没有发现一头白鳖豚。2007 年 8 月 8 日，英国皇家协会期刊《生物学快报》据此发表报告，正式公布白鳖豚功能性灭绝——即使长江中仍有少数个体存活，也不再足以支撑这一物种继续繁衍。2019 年底，国际学术期

祁连山生态环境修复治理有序进行。图为 2018 年 5 月 8 日，甘肃张掖，工人在九个泉社区选矿厂恢复治理区为栽植好的云杉林加堤筑坝。

张渊 视觉中国 / 供图

三江源国家公园的生态公益管护员正在学习使用手机记录安放红外相机的 GPS（全球定位系统）位点。

山水自然保护中心 / 供图

刊《整体环境科学》在线刊载了中国水产科学研究院科学家危起伟团队的研究论文，宣布长江中另一种旗舰物种，可能是世界上最大的淡水鱼之一的长江白鲟灭绝。长江经受着各种人类活动的交叠影响——水利设施、航运、水污染、挖沙、渔业捕捞……无一不在破坏白鱀豚和白鲟等水生动物赖以为生的环境。长江的情况也是中国淡水野生动物保护的一个缩影。

过去，实现淡水保护目标几乎是不可能完成的任务。而在 2016 年，在重庆召开的长江经济带发展座谈会上，习近平总书记提出，要把修复长江生态环境摆在压倒性位置，共抓大保护，不搞大开发。2020 年 1 月 1 日起，长江干流和主要支流开始实施为期 10 年的禁渔。长江江豚、中华鲟等以长江为家的水生动物，终于迎来了白鱀豚和白鲟未能等到的转机。

互联网的发展改变着人们的生活方式，也为野生动物保护带来了新的契机和挑战。不法分子利用互联网平台的便捷性，通过搜索引擎、线上交易平台、网络通信工具、在线社区发布野生动物制品和盗猎工具等贸易信息，并进行非法交易，特别是当有关部门加强了对农贸市场等实体交易的监管后，网络空间上的非法贸易显得越发猖獗。而保护工作者也有针对性地开展了线上行动，在各个平台寻找违法信息向执法部门报告。2017 年，百度、腾讯、阿里巴巴等多家互联网企业联合发起了“打击网络野生动植物非法贸易”的互联网企业联盟。对网络上与野生动物相关的违法信息的发现与打击并不局限于非法贸易，2017 年 10 月，有网友在新浪微博上曝光“有人驾驶越野车追赶藏羚羊”，这激起了网友的愤怒。而“平安拉萨”等有关部门根据消息迅速做出反应，于事发当天下午便找到并控制了相关驾驶人员，经过调查取证后依法做出了处罚。

另一方面，互联网平台不仅为保护理念的传播提供了全新的、更高速的渠道，也为普通民众创造了前所未有的参与野生动物保护的机会。特别是随着观鸟、

蚂蚁森林支持下的自然保护地。图为蚂蚁森林 1 号林。

北京市企业家环保基金会 / 供图

自然观察等活动蓬勃发展，自然爱好者群体不断壮大，许多民众都希望能够为保护贡献自己的力量。支付宝的蚂蚁森林项目鼓励用户通过公交出行、网上缴费等低碳公益行为换取“环保能量”，再由公益机构和爱心企业认购这些“能量”来实现对自然保护的支持。全国观鸟组织联合行动平台（朱雀会）搭设了“中国观鸟记录中心”网络平台，可以供观鸟者共享自己的观察记录，这些记录数据可能成为保护规划的重要依据。公益机构“守护荒野”利用互联网构建的全国志愿者网络，为有心为野生动物保护贡献力量的人创造了以自己擅长的方式投入保护工作的机会：设计保护宣传品、编写物种记录小程序、为保护机构提供专业财会服务、参加实地公益巡护……

人们的生产、生活总会对自然产生影响，随着时代的发展，又会出现新的情况；野生动物保护工作很难有一劳永逸的解决办法，需要不断在发展和保护中寻找理想的平衡点。中国已经充分认识到自然保护对于社会发展的重要意义，相信野生动物保护会有一个光明的未来。

蚂蚁森林保护地探访：神奇物种众生相

2021 年 2 月 6 日，位于三江源生物多样性保护优先区域总面积 160 平方公里的嘉塘保护地在支付宝蚂蚁森林平台上全部兑换完毕。数据显示，活动历时 300 天，累计兑换量 1.6 亿人次，实际参与人数超过 1 亿人。至此，在全球生物多样性保护的“绿色答卷”上，又增添一个中国案例。截至目前，蚂蚁森林在北京、青海、陕西、内蒙古、吉林、云南、四川、安徽、海南等 13 省区设立了 23 个社会公益保护地，通过“人人一平米”守护生物多样性，为濒危保护动物提供庇护所。除了开展巡护、监测和社区工作之外，蚂蚁森林保护地也在开展在地的自然体验活动。

为什么要在保护地开展自然体验？除了能让市民们认识自己家乡的动物邻居，理解生物多样性保护意义外，更重要的是改善固有的生态审美能力：生态好的地方并不一定看起来“美”，野生动物生活的环境可能是沙堆，可能是戈壁，它们蕴藏着勃勃生机，从生态保护的角度来讲它就是美丽的保护地。

海口五源河保护地：城市里的生物多样性课堂

走在五源河畔，随处可见蓬勃的生命力。河道中，沉水植物和挺水植物错落有致，国家二级重点保护野生植物水蕨和野生稻在微风中轻轻摇曳。河岸两边没有城市公园中常见的硬化平台，取而代之的是宽达 15 米的生态河岸带，密布着可供野生动物栖息的本土植物，不时可以看到家鸡的“祖先”——红原鸡飞过水面。

五源河保护地位于海南省海口市五源河国家湿地公园，紧邻海口行政中心和滨海大道，周边居民楼林立。这样一片小小的、城市中的保护地会有多少保护

五源河保护地景观。
海口畓磶湿地研究所 / 供图

五源河保护地繁殖的栗喉蜂虎。
徐可意 / 摄

价值呢？根据最新调查显示，五源河分布有野生稻、水蕨、水角、秋枫、火焰兰等 449 种植物，生活着包括国家二级重点保护野生动物红原鸡、小天鹅、褐翅鸦鹃、黑翅鸢、栗喉蜂虎等在内的 121 种鸟类。

“眼前这些色彩艳丽的小鸟是栗喉蜂虎和蓝喉蜂虎，它们每年春天会从东南亚迁徙到海南繁殖，属于国家二级重点保护野生动物。之所以叫蜂虎，是因为它们飞行能力卓越，擅长捕食蜜蜂、蜻蜓等昆虫……”在五源河保护地，海口畓畓湿地研究所所长卢刚为数十名小学生上了一堂生动的自然课。

因为蜂虎喜欢在沙质岩壁上挖洞营巢，2017 年湿地公园一期建设启动后，园方将过去采沙工程形成的沙堆、水坑保留下来，营造成独特的沙丘 – 林塘复合湿地系统，2018 年成功吸引了首批 26 只蜂虎前来安家。2019 年，为了进一步保护好“海口最美小鸟”，海口市政府批复成立蜂虎湿地保护小区。2021 年 5 月的调查显示，在五源河繁衍的蜂虎种群数量已经上升到了 72 只。

然而在 2017 年以前，五源河还不是今天的面貌。

“那时的五源河河口段呈渠化、硬化状态，丧失了自然河道的呼吸功能，不仅让市民难以亲近，也难以为野生动植物提供适合的栖息生长场所。”五源河湿地生态修复主要负责人、重庆大学建筑城规学院教授袁兴中告诉我，为了将五源河打造成真正的生态之河，项目团队将渠化河段恢复成纵向的自然蜿蜒河段，形成了浅滩和深潭交错的生态格局；横向上通过不同植物群落形成了生态缓冲带，这些植物能够为鸟类提供栖息、庇护场所及食物源，充分发挥生态系统的服务功能。

这条自然流淌的河流也给袁兴中带来了意外惊喜。河口示范段工程完工不久，项目团队就在河岸边发现了国家二级保护野生植物水蕨的自然分布。在建

嘉塘保护地景观。

山水自然保护中心 / 供图

设阶段并没有引入这种植物，它们是从哪里来的呢？

原来，五源河源头的羊山地区是典型的火山熔岩湿地，那里有大量水蕨分布。据专家分析，很可能是水蕨的繁殖体顺流而下，在这里找到了适合它生长的地方。

国家重点保护野生植物在大城市的内河安家落户是一件很罕见、很了不起的事情，这充分说明了只要用心营造自然生态环境，一条普通的河流也能成为野生动物的庇护所，市民们足不出城就能领略生物多样性之美。这也是蚂蚁森林选择这片城市中保护地的原因，在最平凡处，寻找奇妙事。

三江源嘉塘保护地：野生动物的天堂

嘉塘保护地位于青海省玉树州称多县境内，地属三江源国家公园，由于这里地势平坦，一眼望去便能大致看清它的全貌。你若因此就小瞧了它的话，大概会真切感受到“望山跑死马”的精妙之处，这里可是玉树最大的草原之一。

高寒草原生态系统孕育了独有的生物多样性，在作为重要物种栖息地的同时，嘉塘草原也是牧民重要的牧场。在这里，探索生态保护和社区发展的均衡，以及人与自然的和谐共生显得尤为重要。

刚刚驶入嘉塘，便能理解这里为何被称为“鼠兔王国”。道路两旁遍布着高原鼠兔挖掘的洞穴，这群“小兔子”时不时从洞口探出小脑袋打量着外来者。在汽车轰鸣声的掩护下，一只香鼬出击了，它尾随着一只高原鼠兔“叽叽叽”的叫声追进了洞里。在鼠兔的众多天敌中，香鼬是为数不多能进洞捕杀鼠兔的。

在嘉塘草原上，除了鼠兔，最常见的就是猛禽了。平均行车不超过 30 秒就能在天空、电线杆或者招鹰架上看到大鵟、草原雕、猎隼等猛禽。猛禽不仅数量多，还非常近，在北京百望山看惯了比对焦点还小的“芝麻鹰”，来这里突然就被猛禽爆框，“幸福”来得实在太突然。

据同行的科研人员回忆，2016 年时他们在玉树的许多电线杆下都发现了被电死的猛禽。为了防止猛禽触电身亡，同时缓解巢址不足的问题，这几年国家电网在玉树的 3000 多座电线杆顶部安装了人工鸟巢，林业部门也在路两旁安装了许多招鹰架。如今，这些人工巢的利用率超过了 30%，每年大概会有接近 3000 只猛禽在输电线路上出生。

草场退化的情况在嘉塘草原仍未完全恢复。草场退化怪鼠兔吗？所幸人们已经意识到，鼠兔“泛滥”并不是草场退化的原因，而是草场退化的结果。

嘉塘保护地的藏野驴舔食牧民焚烧牛粪后的灰烬以补充盐分。
山水自然保护中心 / 供图

在高原上，鼠兔的重要性毋庸置疑，我们观察到的赤狐、藏狐、猞猁和各式猛禽等食肉动物都依赖鼠兔生存。

解决草场退化，最好的办法或许还是交给自然。近年来，“基于自然的解决方案”这一说法在生态报道中出现率越来越高，当然同样也适用于嘉塘。

人人一平米，共同守护生物多样性

由《生物多样性公约》第十五次缔约方大会（COP15）筹备工作执行委员会办公室指导，中华环境保护基金会、山水自然保护中心和蚂蚁集团联合发起了“人人一平米，共同守护生物多样性”活动，号召社会各界人士以绿色生活、绿色能量参与支持生态保护。通过支付宝蚂蚁森林，网友可以将自己通过步行、减纸减塑、公交出行等绿色低碳生活方式产生的绿色能量用来兑换和守护一平米社会公益保护地，后续由蚂蚁科技集团捐资支持，各家合作基金会、在地保护机构和当地社区会采用社区共管方式，借鉴当地社区的经验，寻找基于自然的解决办法。

目前，已经有越来越多的科学家和保护力量来到保护地，相信在他们的支持和网友们的共同努力下，保护地的生物多样性会繁盛起来。

“人人一平米”活动用“科技＋公益”的方式，解决了生物多样性保护的空间难题，即使身处现代化都市的公众，也可以通过方寸间的手机屏幕，随时随地参与远方的生物多样性保护。为解决与公众互动的可持续性，蚂蚁森林还专门上线了保护地的线上巡护专区，通过步行兑换巡护次数，收集动物拼图，了解自然知识。除此之外，在蚂蚁森林的摄像头里，社区志愿者可以上传红外相机及自己拍摄的野生动物照片和视频，这样一来，公众随时都能看到保护地的最新动态。在不远的未来，保护地土生土长的年轻人还可以通过培训变成自然导览员，借助蚂蚁森林提供的真实性内容反馈功能，以直播的方式在线开展公众自然教育。“人人一平米”活动遵循有序鼓励、引导和扩大社会力量参与的原则，自下而上地建立和推动了政府、企业、保护机构、社会公众及社区牧民各方积极参与生物多样性保护的模式，动员了超两亿人次的公众亲身参与到保护生物多样性的行列中来。这对于推动生物多样性主流化，扩大生物多样性保护的影响力，以及联合国爱知目标的达成、探索多方力量共建共管的路径和经验，无疑具有重要的示范意义。

五源河保护地标牌，从标牌可以看出这块保护地是由多家组织联合支持的。

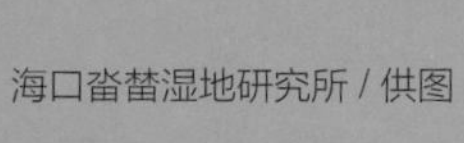
海口畓榃湿地研究所 / 供图

大熊猫/天行长臂猿/海南长臂猿/川金丝猴

黔金丝猴/怒江金丝猴/白头叶猴/东北

亚洲黑熊/豺/坡鹿/西伯利亚狍/梅花鹿/马麝/小麂鹿/赤斑羚

亚洲象/紫貂/小熊猫/北树鼩/鼬獾/斑林狸/长颌带狸/果

灰头小鼯鼠/豹猫/中华穿山甲/马来穿山甲/绿

白腹锦鸡/黄腹角雉/绿尾虹雉/白尾梢虹雉/棕尾虹雉/大

棕胸蓝姬鹟/眼镜王蛇/尖吻蝮/凭祥睑虎/霸王岭睑虎/

森林

《IUCN 濒危物种红色名录》受胁等级

CR：极危 EN：濒危

VU：易危 NT：近危

LC：无危 DD：数据缺乏

真金丝猴/

豹/亚洲金猫/

黎贡羚牛/秦岭羚牛/

/橙色小鼯鼠/红白鼯鼠/

雀/红腹锦鸡/

鹧鸪/花冠皱盔犀鸟/

虎啸猿啼

山地

森林是陆地上野生动物最重要的家园

森林是陆地上野生动物最重要的家园。幅员辽阔、海拔变化巨大的中华大地，滋养了丰富的森林类型：从海南岛云蒸霞蔚的热带雨林，到东北白雪皑皑的北方针叶林，从东部温润的常绿阔叶林，到新疆天山干冷的云杉林；在西南亚热带地区的崇山峻岭中，森林更是随着海拔攀升依次呈现出热带季雨林、中山湿性阔叶林、针阔混交林、高山－亚高山针叶林等不同类型。多样的森林为众多野生动物提供了家园，其中包括虎、长臂猿、亚洲象、金丝猴、绿孔雀，当然还有举世闻名的大熊猫。

对它们而言，森林砍伐是除了被猎杀以外最大的生存威胁。林业作为重要产业，为经济发展做贡献的同时，也使得许多野生动物的自然栖息地遭到破坏。除了用作木材外，薪炭消耗也是森林采伐的一个重要原因。相比于有计划的林业开发，这种零散的砍伐总量同样巨大，且更难以管理。随着人口增长，为了弥补粮食缺口而进行的毁林开荒也破坏了大量林地，这种情况在南方丘陵地区更为严重。在水资源、光照条件比较优越的海南、广西、云南等地，大面积野生动物栖居的原始天然林被毁坏，转而种植橡胶、桉树等经济林木。这些树种单一的林地虽然看上去绿意盎然，但对于野生动物而言，是毫无生存机会的“绿色荒漠”。

我国对于森林生态系统的保护起步最早。1956年，中国建立的第一批自然保护区，几乎全部以森林生态系统为保护对象。直到今天，森林类型保护区也是全国自然保护区的主体——近500个国家级自然保护区中，超过200个以森林生态系统为主要保护对象。这些保护区成为野生动物弥足珍贵的避难所。

《中华人民共和国森林法（试行）》在1979年便被通过，且在1984年成为正式法律，但在很长一段时间内，乱砍滥伐的情况仍然普遍存在。特别是在木材市场放开后，在经济利益的驱使下，人类破坏森林的速度进一步加快。随着人类的活动范围不断扩张，中国现存的大部分天然林都位于交通相对不便的偏远山区。

1998—2000 年开始的天然林保护工程是森林保护的重大转折，标志着林业由以木材生产为主向以生态建设为主转变。党的十九大更是提出将全国的天然林全部保护起来。而国家通过建立中央森林生态效益补助基金等方式，对生态公益林的管护工作进行支持。

中国很早就意识到森林对于水土保持的重要意义，并开展了大规模的植树造林活动。在三北防护林工程、退耕还林工程的支持下，森林覆盖率大幅度提高。中华人民共和国成立初期仅为 8%，2019 年已超过 20%。然而对于很多野生动物而言，这些人工林生境过于单一，并不能提供理想的生存环境。一些保护机构也在尝试针对野生动物的森林修复，如嘉道理农场暨植物园在海南霸王岭与保护区及当地社区合作，为极度濒危的海南长臂猿种植了 8 万余株食源植物。经过多年养护，已有海南长臂猿开始在这些树上采食。2019 年，最新修订的《森林法》也提出在森林管理中应更加注重生态效益。

猎捕始终是野生动物保护需要面对的重大威胁，即使 1989 年《野生动物保护法》实施后仍然如此。在华南、东北等区域，虽然林木和植被没有遭到破坏，但由于盗猎现象严重，野生动物也难得一见。有效的保护地管理是遏止盗猎的第一道防线，比如在东北珲春、完达山等东北虎栖息地，保护人员采取了加强监测巡护等反盗猎行动，当地野生动物的生境已经得到明显改善。

陕西秦岭，一只大熊猫在冰雪中涉过一条小溪。大熊猫是中国野生动物保护的标志。青藏高原东缘延伸的几条雄峻的山脉——秦岭、岷山、大相岭、小相岭和凉山，是今天大熊猫最后的家园。在这些分布于四川、甘肃和陕西三省的连绵山岭中，大熊猫以中高海拔坡度较缓的山地为家，选择在高大乔木掩映下的竹林中栖居。

向定乾 / 摄

大熊猫

Ailuropoda melanoleuca

VU

I

20世纪70年代后期至80年代，大熊猫保护迎来了巨大的转机。虽然早在60年代，我国就已经建立起王朗、卧龙等一批自然保护区，但人们对大熊猫仍知之甚少。两次竹子开花引发了社会的普遍关注，“救助大熊猫”活动得到广泛响应。对大熊猫的科学调查和研究也陆续开展。胡锦矗、乔治·夏勒等国内外专家组成的国际联合研究团队在四川，以及北京大学潘文石团队在陕西秦岭的研究，为有效保护大熊猫提出了很多科学建议，推动大熊猫的保护工作逐渐走上正轨。

（上）研究人员通过无线电追踪大熊猫的活动，增进对大熊猫行为的了解，以提出针对性的保护措施。

乔治 · 夏勒 / 摄

（下左）1977 年，胡锦矗教授在四川省平武县王朗自然保护区进行大熊猫调查。

黄燕 / 供图

（对页）1984 年 5 月 24 日，永富灯笼沟石笋沟，工作人员转运救助的大熊猫。

范志勇 / 供图

（下右）潘文石教授（左）、吕植教授（中）、乔治·夏勒博士（右）的合影。他们与胡锦矗教授都为大熊猫研究和保护做出了卓越贡献。

山水自然保护中心 / 供图

找大熊猫？帐篷里就有！这只名叫“珍珍”的野生大熊猫钻进了联合研究团队的帐篷。从1981年开始，中外科学家联合在卧龙国家级自然保护区开展大熊猫生态学研究。为了给大熊猫装上无线电追踪项圈，研究人员通过事先放置食物将它们引诱进诱捕笼。而大熊猫珍珍很快发现这些人类不会对自己构成威胁，于是它开始不时地造访研究团队的营地寻找食物。实地研究项目揭示了大熊猫生活的许多秘密，为人们制定有针对性的保护策略提供了重要依据。

乔治·夏勒 / 摄

（对页）1992年，陕西秦岭南坡，雌性大熊猫“娇娇”抱着新生幼崽“希望”在产崽洞里。这张作品被选为美国《国家地理》杂志1993年2月的封面，同期还发表了关于大熊猫娇娇与希望的文章。文章清晰地表明，野生大熊猫交配繁育毫无问题，打破了人们对野生大熊猫繁衍困难的怀疑，指出影响这一物种生存的主要因素是人类活动的干扰。

吕植/摄

大熊猫栖息地内，保护区巡护员正在查看地图信息。正是这些巡护员在无比艰辛的环境下的不懈努力，为中国的野生动物保护打下了坚实的基础。自1974年起，中国共组织了四次全国范围的大熊猫野外调查。2015年公布的最新一次全国调查数据显示，中国现有野生大熊猫1864只，而在20世纪80年代中期第二次调查时仅有1114只。

王放/摄

2018年12月27日，中国大熊猫保护研究中心在都江堰龙溪虹口放归人工圈养繁殖的大熊猫“琴心”和“小核桃”。对野外种群进行补充是野生动物人工繁育的终极目标，中国在人工繁育大熊猫上投入了大量资源，也取得了相当的成功。自2005年起，四川省率先开展救护大熊猫放归和人工繁育大熊猫野放，前后共有13只大熊猫回归自然。

周孟棋/摄

四川唐家河国家级自然保护区，蓊郁的森林荫庇着大熊猫等野生动物。中国建立了60余处以大熊猫为主要保护对象的自然保护区，并且正在开展地跨四川、陕西、甘肃三省的大熊猫国家公园试点工作。对于大熊猫和其他野生动物的保护工作而言，保护其原生栖息地仍然是最有效的方式。

董磊 西南山地 / 摄

一只年轻的雄性天行长臂猿直立着在大树枝上行走。到 2017 年天行长臂猿才由中山大学范朋飞教授等研究人员确认为独立种，以云南高黎贡山为核心栖息地，目前仅有 150 只。以“云山保护”为代表的保护机构和自然保护区合作，对这些长臂猿进行跟踪观察等研究，并开展相应的保护工作。

赵超 云山保护 / 摄

云南高黎贡山，一只雄性天行长臂猿正放声高歌。长臂猿的歌声是中华文化中重要的符号，但它们的分布范围却在不断缩小。天行长臂猿在 2017 年被确认为独立物种，现存数量仅约 150 只。高黎贡山国家级自然保护区是它们重要的庇护所。

董磊 西南山地 / 摄

天行长臂猿

Hoolock tianxing

EN

I

“猿鸣三声泪沾裳”，作为人类近亲，长臂猿在中国文化中占有重要地位。中国有明确记录的长臂猿有六种，分别是海南长臂猿、天行长臂猿、东黑冠长臂猿、西黑冠长臂猿、白掌长臂猿和北白颊长臂猿。随着栖息地的丧失和盗猎的猖獗，它们的数量和分布范围都在缩减。

（上）云端护猿基地工作人员正在进行天行长臂猿日常行为学监测。从 2011 年开始，长臂猿科研团队设立并持续开展了多年的长臂猿野外监测和科研工作。对这几群长臂猿的长期监测有助于了解它们的保护需求，评估保护行动的成效，为长臂猿种群恢复积累经验。

欧阳凯 云山保护 / 摄

（右）云南高黎贡山，运输木材的卡车。森林采伐对栖息地的破坏是长臂猿等野生动物面临的重要威胁之一。21 世纪初启动的天然林保护工程在一定程度上扭转了这种局面。

董磊 西南山地 / 摄

云南百花岭板厂天行长臂猿保护基地，从原始林向已开发地区眺望。天行长臂猿目前主要栖息在云南高黎贡山海拔 1700 ~ 2000 米的中山湿性常绿阔叶林中。研究人员发现，其实这里并非长臂猿最青睐的栖息地，它们很可能是不得已才退守至此。从这张照片中可以看到，更低海拔的森林已被人类活动破坏，那里曾经都是天行长臂猿的家园。

董磊 西南山地 / 摄

树冠中的海南长臂猿家庭。海南长臂猿是全球最濒危的灵长动物之一，目前仅存在于海南霸王岭国家级自然保护区的一小片热带雨林中，最少时仅存不到 10 只。随着保护行动的开展，到 2017 年已有超过 27 只被跟踪记录。成年的雄性海南长臂猿通体黑色，雌性金黄色，它们会以一雄两雌的家庭结构生活。

唐万玲 / 摄

在栖息地得到充分恢复前，为了使长臂猿能顺利地在栖息地活动，人们还在树冠间搭建了绳桥以帮助长臂猿迁移。红外相机监测结果证实，长臂猿已经逐渐习惯使用这些“空中走廊”。

嘉道理农场暨植物园 / 供图

（左）海南长臂猿所栖息的低海拔热带雨林受到人类活动影响较为严重，留存下的栖息地也狭小而破碎，对长臂猿长期繁衍十分不利。保护机构“嘉道理农场暨植物园”与保护区及当地社区合作，栽种了 51 种合计 8 万余棵果实为长臂猿所喜爱的本土植物，促进栖息地的恢复。

嘉道理农场暨植物园 / 供图

（右）雨云在海南霸王岭的热带雨林上空聚集。热带雨林是陆地上生物多样性最为丰富的环境，然而这些生机勃勃的雨林由于人类活动而大面积消失。海南霸王岭在 1980 年建立了保护区，1988 年升格为国家级自然保护区，并在 2019 年与鹦哥岭、吊罗山、五指山等保护区一并纳入海南热带雨林国家公园试点范围。

程斌 / 摄

海南长臂猿

Nomascus hainanus

CR

I

在树冠间跳跃的川金丝猴。中国已知有四种金丝猴，全部被列为国家一级重点保护野生动物，身披金黄色外衣的川金丝猴可能是其中最为人们所熟知的。它们除了和大熊猫共享四川岷山、邛崃山、凉山，陕西秦岭的栖息地，在湖北神农架也有分布。

徐永春 / 摄

川金丝猴

Rhinopithecus roxellana

EN

I

带着幼崽的滇金丝猴母亲从一棵树跳向另一棵树。作为生活海拔最高、体重最大的猴类之一，滇金丝猴有着卓越的跳跃能力。滇金丝猴仅生活在横断山系云岭山脉的高山暗针叶林中，目前已建立起西藏芒康，云南白马雪山、云龙天池等保护区。随着森林采伐停止和保护工作的推进，滇金丝猴数量已有约3000只。

奚志农 / 摄

滇金丝猴

Rhinopithecus bieti

EN

I

黔金丝猴

Rhinopithecus brelichi

EN

I

黔金丝猴如今仅在贵州梵净山区域能够找到，2005 年时，研究人员估计其约有 750 只。它们生活的区域在 1978 年建立了自然保护区。1986 年，梵净山保护区成为“世界生物圈保护区网络”成员，并在 2018 年获准列入《世界遗产名录》。

丁宽亮 / 摄

怒江金丝猴又称缅甸金丝猴，是2010年才被确认的金丝猴家族“新成员”。在中国境内，人们仅在高黎贡山地区见到它们的踪影，据估计仅有300只左右。

王斌 / 摄

怒江金丝猴

Rhinopithecus strykeri

CR
—
I

在喀斯特石山上攀缘的白头叶猴。叶猴家族的成员主要分布在热带和亚热带地区，它们往往身形纤细，主要以树叶为食。中国所有的叶猴都被列为国家一级重点保护野生动物。白头叶猴是中国特有种，也是第一种由中国人命名的灵长类动物。1955 年，谭邦杰先生在考察中首先发现了它们，并于 1957 年定名。之前白头叶猴被认为是金头叶猴的一个亚种，而 2013 年一项分子演化研究更支持它们作为独立的物种。白头叶猴在广西左江和明江之间一片狭小的区域分布，它们以喀斯特石山为家，能够在绝壁间攀缘如飞，白天多在石山周围的亚热带森林中觅食活动。由于栖息地丧失和盗猎，白头叶猴的数量和活动范围一度严重缩减。

程斌 / 摄

1996年，北京大学的潘文石教授来到广西崇左对白头叶猴进行观察研究。他在工作过程中发现，当地居民的生活极为困苦——没有干净的饮用水，土地效能极低，能源主要依靠薪柴。当地居民为了维持和改善生计，往往需要砍伐森林，建采石场炸山取石，甚至盗猎。潘教授认为“不能只顾科学研究，而不管老百姓的死活”，于是各处奔走，推动政府修建蓄水池解决村民饮水问题，捐钱帮助社区建沼气池，随后引入了收益更高的甘蔗，并推动了当地的蔗糖产业发展。生活条件得到改善的社区居民也投桃报李，主动加入野生动物保护的行列。

白头叶猴

Trachypithecus leucocephalus

CR
—
I

2014年3月，吉林珲春东北虎国家级自然保护区，一只巡视领地的雌性东北虎被保护人员安装的红外相机拍摄下来。以虎为代表的大型食肉动物是受人类影响最为严重、保护挑战最大的类群之一。它们往往需要充足的猎物和大面积连片的栖息地。此外，由于可能影响人类生产生活，它们也容易成为捕猎的目标。

珲春市野生动植物保护协会 / 供图

2018年4月，红外相机拍摄到一只野生东北虎在用尿液做领地标记。虎是森林中的顶级捕食者，中国文化中的“百兽之王”。然而它们目前的处境十分堪忧，中国曾有记录的五个虎亚种：东北虎、华南虎、里海虎（新疆虎）、孟加拉虎和印支虎，如今仅东北虎尚有稳定的野外种群。除因虎皮、虎骨而遭到盗猎外，作为大型食肉动物对猎物和栖息地较高的需求也使它们更容易受到人类活动的影响。

珲春市野生动植物保护协会 / 供图

东北虎

Panthera tigris altaica

EN

I

豹（*Panthera pardus*）是一种广泛分布于非洲到欧亚大陆东部的大型猫科动物，体形大小和皮毛底色都十分多变，但皮毛上都覆盖着密集的黑色斑点或古钱状环斑，因此也叫金钱豹。根据分子生物学分析，豹一共有九个亚种，其中八个分布在亚洲。中国分布有四个亚种，即东北地区的东北豹（*P. p. orientalis*）、华北地区的华北豹（*P. p. japonensis*）、华南地区的印支豹（*P. p. delacouri*）和藏南地区的印度豹（*P. p. fusca*）。虽然最新的全面分析认为，东北豹、华北豹和印支豹东部种群应合并为一个亚种，而印支豹西部种群则应和印度豹、斯里兰卡豹合并为一个亚种，但九个亚种仍是被广泛接受的分类系统。中国民间保护机构“猫盟”就是从豹开始了中国猫科动物保护的历程，在中国多个地区进行野外调查，评估其种群现状，发现潜在栖息地，寻找关键保护区域。

（左）太行山，一只华北豹沿着山脊线巡视自己的领地。民间保护机构猫盟在中国许多区域追寻这些行踪隐秘的大猫，同时与当地机构合作开展保护行动。在太行山麓，距离北京不足 100 公里的地方，他们记录了华北豹的活动。

猫盟 / 供图

（右）四川甘孜，雅江县格西沟国家级自然保护区的森林中，红外相机捕捉到一只叼着小豹子的豹妈妈。相比虎，豹对于栖息地和猎物的需求较低，也更能容忍人类的存在。在环境较好的地区，如西南山地，发现它们的可能性相对较高。

李晟 北京大学 / 供图

（对页）2014 年 1 月 29 日，吉林汪清国家级自然保护区，红外相机捕捉到的野生豹。生活在东北的豹原本被认为是最为珍稀的一个豹亚种——东北豹，但在 2017 年世界自然保护联盟猫科专家组将东北豹和生活在中国的另一个豹亚种——华北豹进行了合并，使得在整体数量并无明显变化的情况下，这些豹的受威胁评级下降了。一些保护工作者担心这种调整会带来保护投入减少等不利影响。

吉林汪清国家级自然保护区 / 供图

豹

Panthera pardus

VU

I

亚洲金猫

Catopuma temminckii

NT
—
I

亚洲金猫有不同的色型，例如纯色型亚洲金猫、花斑型亚洲金猫，这与栖息地、遗传间的关系还有待进一步研究。亚洲金猫是中型食肉动物，有人认为它就是传说中的“彪”。在虎、豹等缺失的区域，它们可能“上位”扮演顶级捕食者的角色，但是在更多地区，它们同样也因栖息地被破坏和盗猎而销声匿迹。

肖诗白 / 摄

红外相机近距离拍摄的亚洲黑熊。作为杂食者的亚洲黑熊对环境有着极强的适应力，但是人类对熊掌、熊胆等制品的需求使得它们遭到严重的盗猎。目前亚洲黑熊的数量甚至比大熊猫还少，而由于某些原因，它们迟迟无法被升级为国家一级重点保护野生动物。

李晟 北京大学 / 供图

亚洲黑熊

Ursus thibetanus

VU

II

红外相机在西藏墨脱拍摄的豺。位列“豺狼虎豹”四大猛兽之首的豺曾经广布在中国各地，但在21世纪初数量迅速减少，除猎杀和栖息地丧失的影响外，有学者认为散养犬只造成的瘟疫传播可能也是重要原因。监测和控制疾病对人类和野生动物的影响需要不同领域的合作。

李成 / 供图

豺

Cuon alpinus

由于数量一度跌至灭绝的边缘，保护人员通过人工繁育的方式推动坡鹿种群恢复。如今坡鹿已暂时走出灭绝的阴影，但保护区面临着植被过度啃食、生态退化的危险。图为 20 世纪 90 年代，保护工作人员对坡鹿进行人工喂养。

陈建伟 / 摄

国家一级重点保护野生动物坡鹿曾经广泛分布于海南岛低地沿岸的低地开阔林中，雄性的坡鹿生有独特的弓形弯角。由于栖息地丧失和捕猎压力，海南坡鹿的数量在 1976 年下跌至不足 50 头。人们只得在坡鹿最后的栖息地大田、邦溪建起围栏对它们加以保护。

嘉道理农场暨植物园 / 供图

坡鹿

Rucervus eldii

EN

I

西伯利亚狍

Capreolus pygargus

LC

一只出生不久的野生小狍子，刚刚被妈妈舔舐完胎衣。西伯利亚狍是中国最常见的鹿科动物之一。一些保护机构正在探索如何在人工造林时，满足西伯利亚狍这样的食草动物的生境需求。发挥森林的多重生态效益是新时期林业建设的一个重要方向。

路芳 西南山地 / 摄

一只雄性梅花鹿现身东北的林地中。鹿在自然生态中扮演着重要角色，它们一方面影响植被，另一方面也是虎等大型食肉动物的理想猎物。虽然对鹿茸的需求推动了中国鹿类养殖蓬勃发展，但恢复野生种群的道路仍然漫长。

程斌 / 摄

梅花鹿

Cervus nippon

LC

I

（上）四川九顶山，巡护人员收缴的猎套和动物头骨。

董磊 西南山地 / 摄

（下）云南中国—老挝边界，巡护人员发现的猎枪子弹弹壳。

董磊 西南山地 / 摄

（对页）九顶山的护林员与一头马麝不期而遇。由于对麝香的需求，即便中国在麝类养殖上取得较大成功，麝遭受盗猎的情况仍然非常严重。2002 年，所有麝科动物被上调为国家一级重点保护野生动物。

余有强 / 摄

马麝

Moschus chrysogaster

EN

I

威氏小鼷鹿

Tragulus williamsoni

DD

I

小鼷鹿是最小的有蹄类动物之一，在中国仅记录于云南西双版纳地区。它们偏好在低海拔的河谷浅滩活动，这些生境的开发活动，以及盗猎是它们面临的主要威胁。

王昌大 西南山地 / 摄

雅鲁藏布江大峡谷，一只赤斑羚在江边的岩石上轻盈地跳跃。赤斑羚在中国主要分布在西藏东南部和云南部分地区，1989 年，研究人员估计其总数不足 1500 只，因此被列为国家一级重点保护野生动物。雅鲁藏布江大峡谷自然保护区是它们重要的庇护所之一。

郭亮 / 摄

赤斑羚

Naemorhedus baileyi

VU

I

云南独龙江，河谷中的高黎贡羚牛。研究显示，独龙江的高黎贡羚牛会频繁拜访硝塘舔食盐分，因此对这些硝塘生境的保护是这一区域羚牛保护的关键因素。

彭建生 / 摄

高黎贡羚牛

Budorcas taxicolor

VU

I

两只秦岭羚牛在山脊上不期而遇。实际上，体形硕大的羚牛与山羊的亲缘关系更近。世界上共有四种羚牛（也有人认为是四个亚种），在中国均有分布。由于作为羚牛天敌的大型食肉动物缺失，以及栖息地破碎化导致种群难以扩散，加之反盗猎等保护措施的成效，使得在一些局部地区羚牛种群过大，已对植被造成负面影响，甚至威胁到周边居民的生命财产安全。突破这种局部地区保护瓶颈是保护工作者需要攻克的一个课题。

奚志农 / 摄

秦岭羚牛

Budorcas bedfordi

I

一头雌象教授幼象取食技能。由于亚洲象偏爱的天然林环境受到人类影响迅速消失，亚洲象有时会进入农田觅食。这不仅给周边居民带来经济损失，有时还会威胁人身安全。

谢建国 自然影像中国 / 摄

野生亚洲象会由成年雌象和幼象结成家庭群活动，成年雄象则往往单独活动。栖息地丧失和破碎化是亚洲象面临的最主要威胁之一，目前中国已在西双版纳、思茅、南滚河等亚洲象栖息地建立自然保护区。保护工作者通过建立亚洲象食源基地，建立野生动物肇事补偿基金，应用红外相机系统提前预警减少人象遭遇等一系列方式来尝试缓解亚洲象栖息地内的人象冲突，以实现对这一物种更好的保护。

左凌仁 / 摄

亚洲象

Elephas maximus

EN

I

两只紫貂在冰雪中。紫貂曾作为著名的毛皮兽被大量猎杀，因此被列为国家一级重点保护野生动物。紫貂是典型的林栖动物，在我国生活在东北大小兴安岭、长白山和新疆阿尔泰山的针叶林、针阔混交林中。

程斌 / 摄

紫貂

Martes zibellina

LC

I

小熊猫亮红色的皮毛在一片翠绿的竹海中格外醒目。相比蜚声海内外的大熊猫，小熊猫得到的关注要少很多，普通民众甚至会将其与浣熊和貉混淆。和大熊猫类似，竹子也是小熊猫的主食。

奚志农 / 摄

小熊猫

Ailurus fulgens

EN

II

北树鼩

Tupaia belangeri

LC

红外相机技术的发展让摄影师能够一窥密林中的隐秘世界。海南霸王岭，雨林地面上出现一只觅食的北树鼩。虽然外形酷似松鼠，但树鼩与灵长类的亲缘关系更近。

肖诗白 / 摄

广西弄岗国家级自然保护区，一对鼬獾在喀斯特森林中觅食。鼬獾在中国南方广泛分布，被作为毛皮兽捕猎和饲养，在一些地区也被当作“野味”猎食。由于它们会携带狂犬病毒等病原体，曾发生多起因捕食鼬獾被其咬伤而感染狂犬病的案例。

肖诗白 / 摄

鼬獾

Melogale moschata

LC

斑林狸

Prionodon pardicolor

LC

II

广西弄岗，夜间林地中现身的斑林狸。斑林狸曾经被归入灵猫科，如今则是独立的林狸科的代表动物。虽然仅比松鼠大一点，但它们是凶猛的捕食者。

肖诗白 / 摄

云南大围山，红外相机拍摄到一只罕见的长颌带狸。长颌带狸又称缟灵猫、横斑灵猫，是世界上最珍稀的灵猫科动物之一，它们仅分布在老挝、越南以及中国云南南部的一片狭小区域中。它们高度依赖热带湿润森林，极易受到栖息地破坏的影响。此外，由于经常在地面活动，它们也更容易受到猎套和陷阱的伤害。

肖诗白 / 摄

长颌带狸

Chrotogale owstoni

EN

I

果子狸是中国南方广泛分布的林缘兽类，通常隐居在洞穴或浓密的植被中。2003年的“非典”暴发让这个普普通通的物种进入人们的视野。人们在广东地区的果子狸身上检出了SARS病毒，从而将“非典”暴发的原因指向这种当地餐桌上的常见野味，引发了关于是否应该食用野味的广泛讨论。虽然最终研究证实果子狸并非SARS病毒的源头，而只是一个中间宿主，但由此引发的讨论影响深远。直至最近新冠肺炎的暴发，人们再次审视人与野生动物的关系，并推动了关于禁食野生动物的立法。虽然果子狸既不濒危，也未被列入《国家重点保护野生动物名录》，仅是一种“三有”保护动物，但它首次让普通大众广泛参与有关野生动物保护的讨论，在野生动物保护历程中具有特殊的意义。

中国广州，工商执法人员在查处市场上贩卖的果子狸。

视觉中国 / 供图

（对页）四川唐家河自然保护区，藏身在枝叶间的果子狸。果子狸的奔跑速度很慢，如果没有丛林作为掩护，很容易被人追上。它们对光线非常不敏感，很多非法盗猎者就是用光线作为隐蔽，从而捕捉它们。

程斌 / 摄

果子狸

Paguma larvata

LC

橙色小鼯鼠

Petaurista sybilla

四川马边大风顶国家级自然保护区，这只雄性橙色小鼯鼠在繁殖期的占域争斗中胜利后，在大树间飞来飞去，向同类宣告自己对这片区域的占有。鼯鼠四肢有皮膜相连，伸展开可使它们在林间滑翔。

黄耀华 / 摄

红白鼯鼠

Petaurista alborufus

LC

红白鼯鼠（上）和灰头小鼯鼠（下）。鼯鼠家族的成员对成熟森林的依赖度很高，使它们成为保护中重要的指示物种。

孙戈 / 摄

灰头小鼯鼠

Petaurista caniceps

LC

在广西一处宠物市场，执法人员查获了非法贩卖的豹猫。非法贸易驱动的盗猎是野生动物面临的最直接的威胁之一。在进入宠物市场前，相当大比例的动物会在猎捕和运输环节死去。失去自由，脱离原生环境的野生动物在饲养环境下即便能够苟延残喘，也不再能发挥它们在生态系统中的作用。

肖诗白 / 摄

被猎杀的豹猫。

杨宪伟 西南山地 / 摄

（对页）四川马边大风顶国家级自然保护区，这只豹猫没有注意到手电光后面的摄影师，它沿着林区小路走到摄影师面前，依靠敏锐的听力抓到了草丛中的老鼠，当着摄影师的面花了一分钟便将老鼠整个吞下。豹猫是在中国分布最广的野生猫科动物。它们曾经作为毛皮兽被猎杀，如今也受困于栖息地丧失、宠物市场的压力，以及散养家猫和流浪猫杂交造成的基因污染。

黄耀华 / 摄

豹猫

Prionailurus bengalensis

LC

II

中华穿山甲

Manis pentadactyla

CR

I

浙江省衢州市开化县，被救助后放归野外的中华穿山甲。中华穿山甲曾经广泛分布于中国南方的山林中，但由于药用和食用的需求而遭到乱捕滥猎，导致数量严重减少。虽然中华穿山甲受到国际公约保护，在分布的各国都被列为保护动物，但非法捕捉和贸易屡禁不止。在中国境内的穿山甲几乎被捕杀殆尽之后，与中国相邻的东南亚各国的穿山甲也惨遭毒手，甚至马来穿山甲等近缘种也成了非法贸易的目标。2020 年，中国进一步加大了对穿山甲的保护力度，将穿山甲属所有种由国家二级重点保护野生动物提升至一级，最新版的《中国药典》也终于删去了穿山甲条目。

周佳俊 / 摄

2014 年 9 月 11 日，广东省森林公安局接群众举报之后，联合广州市公安局森林分局，在广州白云区石井镇张村某小区内现场查获国家二级保护动物穿山甲 457 只，抓获犯罪嫌疑人 4 名。有的穿山甲被封装后冰冻存储，有些上面还贴着重量。

谭庆驹 南方都市报 人民视觉 / 供图

一只被救助的马来穿山甲。

斯塔凡 · 韦斯特兰德 / 摄

马来穿山甲

Manis javanica

CR

I

西藏墨脱格当乡，云雾中的原始森林。这里是中国生物多样性最为丰富的地区之一，是野生动物的宝贵家园。

程斌 / 摄

自然之友等保护机构工作人员在红河上游绿孔雀栖息地进行漂流考察。多次调查的成果最终帮助保护工作者在法庭博弈中赢得初步胜利，2020 年 3 月，昆明市中级人民法院判令戛洒江一级水电站立即停止基于现有环境影响评价的建设项目。

王剑 / 摄
野性中国 / 供图

“孔雀东南飞，五里一徘徊。”中国原生的绿孔雀的分布范围在不断缩小。据 2015—2017 年的调查，中国现存 235 ~ 280 只野生绿孔雀，比 20 多年前明显减少，确定有绿孔雀分布的地点仅有怒江流域龙陵、永德段局部，澜沧江流域景谷段局部，以及红河流域石洋江、绿汁江沿岸部分地区。森林砍伐和水电站建设等人类活动不断压缩着它们的生存空间。图为红河上游河滩上活动的绿孔雀，在其下游修建的戛洒江一级水电站一旦蓄水，这片宝贵的绿孔雀栖息地将遭受灭顶之灾。

奚志农 / 摄

绿孔雀

Pavo muticus

EN
I

红腹锦鸡

Chrysolophus pictus

LC

II

在中国分布的野生鸡形目鸟类超过 60 种，中国在鸡形目鸟类的研究和保护上也做出了卓越的贡献。红腹锦鸡仅在中国分布，它们的羽毛也是中国文化中受偏爱的红色和黄色的搭配。

张强 / 摄

白腹锦鸡是锦鸡属两个种的另一个成员，主要分布在中国西南的山地。2014 年 4 月，云南大理，苍山。清晨，摄影师驾车行驶到一处盘山路的拐弯处，忽然发现不远处一只白腹锦鸡雄鸟在雌鸟面前求偶炫耀。雄鸟总是试图将自己华丽的羽毛最大程度地展示给雌鸟，但是雌鸟似乎无动于衷。于是上演了一场“晨光中的华尔兹”。

庄小松 / 摄

云南梅里雪山，民居中用作装饰的白腹锦鸡尾羽。雉类鲜艳的羽毛使它们成为盗猎的目标。

董磊 西南山地 / 摄

白腹锦鸡

Chrysolophus amherstiae

LC

II

黄腹角雉是中国特有的雉类，零星分布于中国湖南南部、江西、浙江南部和西南部、福建、广东和广西东北部等省（自治区）亚高山地区，栖息于东部亚热带山地森林海拔800 ~ 1400米的常绿阔叶林和常绿阔叶－落叶阔叶－针叶混交林内。自20世纪80年代中期开始，北京师范大学在野外生态生物学研究的基础上，对黄腹角雉的驯养繁殖进行了长期深入的探索，成功地建立了黄腹角雉易地保护种群。迄今国内已建立繁育超过10代、累计总数量超过300只的黄腹角雉人工种群。在建立人工种群的基础上，2010—2011年，北京师范大学和湖南野生动物救护繁殖中心合作，基于GIS（地理信息系统）和充分的实地调查，确立了湖南桃源洞保护区作为黄腹角雉再引入释放地，成功实施了黄腹角雉的实验性再引入工程。2018年开始，北京师范大学又和浙江乌岩岭国家级自然保护区合作，开始利用人工繁育的黄腹角雉种群进行野生种群的复壮工作。

黄腹角雉是国家一级重点保护野生动物。浙江乌岩岭国家级自然保护区是其重要的保护地。

林剑声 / 摄

黄腹角雉

Tragopan caboti

VU

I

四川蜂桶寨国家级自然保护区，雪中的绿尾虹雉在杜鹃丛中显露出身形，观察自己的领地。

吴秀山 / 摄

在岩缝中营巢育雏的雌性绿尾虹雉。和色彩绚烂的雄鸟相比，雌鸟的保护色能帮助它们更好地隐蔽起来免受天敌侵害，为了保护幼鸟，它们甚至会连续几天都不离巢。

庄小松 野性中国 / 摄

绿尾虹雉

Lophophorus lhuysii

VU

I

白尾梢虹雉

Lophophorus sclateri

VU

I

白尾梢虹雉在中国分布于云南西北部和西藏东南部，栖息地丧失和盗猎是它们面临的主要威胁。

董磊 西南山地 / 摄

一只雄性棕尾虹雉展开尾羽试图吸引雌性的青睐。中国有三种虹雉，全部在 1989 年被列为国家一级重点保护野生动物。

刘璐 / 摄

棕尾虹雉

Lophophorus impejanus

LC

I

大紫胸鹦鹉栖息在横断山脉和青藏高原之间。本作品拍摄于梅里雪山。中国的鹦鹉深受栖息地丧失和盗猎之苦。随着保护力度的提升，云南一些区域的鹦鹉种群正在回升。

彭建生 / 摄

大紫胸鹦鹉

Psittacula derbiana

NT

II

在树枝上亲昵的花冠皱盔犀鸟夫妻，左侧喉囊蓝色的为雌鸟，右侧喉囊黄色的为雄鸟。花冠皱盔犀鸟在我国仅见于云南盈江县铜壁关一带，拥有犀鸟标志性的巨大的喙和头盔，其上还具有数道褶皱刻痕。它们致密的头盔被用于制作文玩，因此遭到严重盗猎。

陈建伟 / 摄

花冠皱盔犀鸟

Rhyticeros undulatus

VU

I

云南高黎贡山，森林茂密。一对棕胸蓝姬鹟将巢筑在乔木主干上生长的苔藓中。随着高黎贡山雨季的来临，雾和雨是这片森林的气候常态。巢中的雏鸟一天天长大，巢周边的苔藓也愈加茂盛。本作品使用遥控设备拍摄，未对巢边的植被进行任何修剪、装饰。摄影师进入伪装帐篷时，途经的植被和地表没有留下明显可见的践踏痕迹。

庄小松 / 摄

棕胸蓝姬鹟

Ficedula hyperythra

LC

眼镜王蛇

Ophiophagus hannah

VU

II

眼镜王蛇是世界上最大的有毒蛇类，它们主要以其他蛇类为食。在南方许多区域，大量野生蛇类被盗猎用作肉食、泡酒、入药等，这使它们岌岌可危。

肖诗白 / 摄

武夷山村民捕捉到一条尖吻蝮（五步蛇），正在提取蛇毒。相比容貌可人的哺乳动物和鸟类，爬行动物受到的保护关注少得多。

肖诗白 / 摄

尖吻蝮

Deinagkistrodon acutus

VU

凭祥睑虎

Goniurosaurus luii

VU

II

凭祥睑虎是1999年发表的新种，仅分布于我国广西和越南边境多岩石的湿润森林地区。睑虎是壁虎大家族的一员，近年来由于异宠市场兴起，许多睑虎种类都遭到严重盗猎。

郑声 / 摄

霸王岭睑虎是2002年才发表的我国特有物种，仅分布于海南霸王岭的雨林中，生活在海拔500米左右的砂石和溶洞环境。中国是睑虎的分布中心，2019年《濒危野生动植物种国际贸易公约》缔约国会议上，在中国政府代表团的倡议下，中国的几种睑虎都被纳入公约附录受到保护。

郑声／摄

霸王岭睑虎

Goniurosaurus bawanglingensis

EN

II

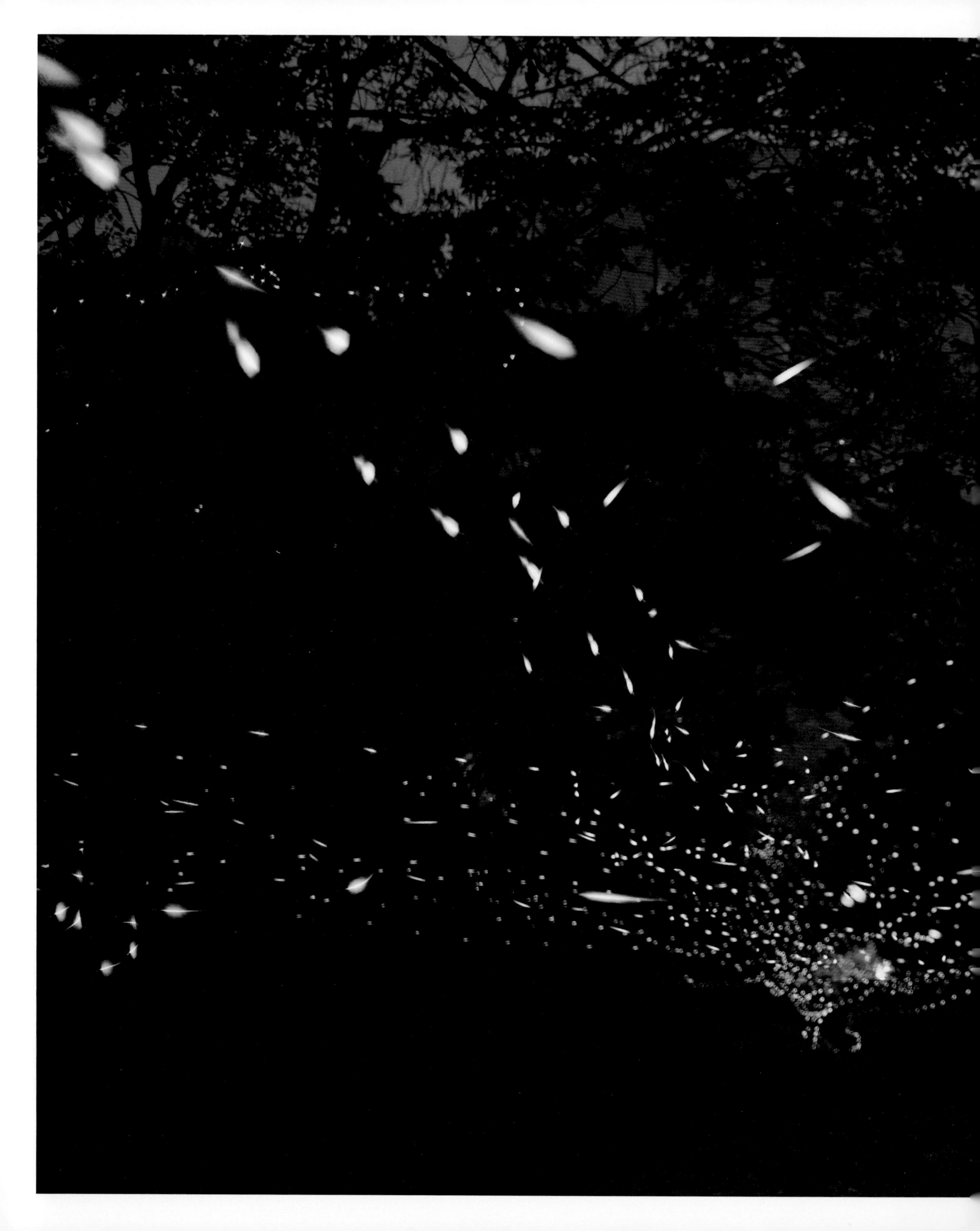

2019 年 4 月，广西崇左，弄岗国家级自然保护区，喀斯特丛林中飞行的同频萤火虫将林间小路点亮。

海杜马 / 摄

扎西（上）和昂多（下）

是阿尼玛卿雪山牧民生态保护协会的会员。10 月份，他们来到了阿尼玛卿海拔 4600 米的冰川，用卷尺开展测量，拉开当季冰川监测的序幕。该协会每年会开展两次冰川监测。

欧阳凯
来自美国得克萨斯州
奥斯汀市的 90 后摄影师

中国巡护员

中国幅员辽阔，不同的自然保护区有自己独特的环境。一道保护的命令或者一项立法从宏观层面确立后，真正的执行落实者，都是基层的保护区、巡护站。而巡护员，事实上就是中国野生动物保护的一线工作人员，就是真正落实中国自然生态保护的主力军。来自美国得克萨斯州奥斯汀市的 90 后摄影师欧阳凯（Kyle Obermann），毕业于北京大学，已经在中国拍摄自然生态保护专题超过 8 年，参加过多次生物多样性调查。这一次他将镜头对准了自然保护区基层的巡护员们，让我们在人迹罕至的荒野中，通过他的镜头，看看真正在一线从事野生动物和生物多样性保护工作的人，每天的生活是什么样子的。

“他们是中国最厉害的巡护员。他们是为了保护自然而探险、最值得尊敬的中国人！他们正在为我们保护中国的森林，中国的冰川，中国的河流，中国的熊猫、雪豹、白唇鹿、丹顶鹤、长臂猿、长江鲟、羚牛、斑羚、云豹、黑颈鹤、藏羚羊、黑熊、豪猪……中国的绿水青山，世界的遗产！他们每天面对的挑战甚至比专业探险家和登山者还大。我猜至少他们在野外生活的时间更多。

“他们冒着生命危险保护地球上的生命，他们冒着生命危险保护我们。让我们用镜头回馈他们，向他们致敬！”

（左上）余家华（70岁）

是九顶山野生动植物之友协会创始人。从 1995 年开始，他每个月都会上山进行巡护，制止偷猎活动。

（左下）李光武

九顶山村民与护林员李光武晚上睡在山洞里，准备第二天继续上山。这是他们长年休息的地方。

（右上）杨成

在巡护九顶山的途中，每次巡护都要负重前行。

（右下）蔡芝洪

高黎贡山国家级自然保护区中，为了监测森林里的天行长臂猿栖息地，当地的护林员蔡芝洪正在攀爬一棵树。

太行山脉的华北豹栖息地调查

一位“公民科学家”为中国猫科动物保护联盟进行太行山脉的华北豹栖息地调查。日出时，他站在北京的长城上，开始往河北徒步进行调查。

（上）峭壁上的考察队

四川九顶山峰头连绵，为了进行巡护监测，考察队不得不排成一线，在峭壁上艰难前进。

（下左）神农架国家公园

在神农架国家公园附近的太阳坪公益保护地，一位护林员借助绳子攀缘下崖。

（下右）检查红外相机

在四川平武县的关坝保护小区，两位巡护员准备去查看他们安装的红外相机。

徐先华

神农架的护林员进行一天往返的“河流巡护”，他要在冰冷的河水里行走八个多小时，防止出现违法钓鱼活动。

藏羚羊/普氏原羚/藏原羚/藏野驴/野牦牛/狼/亚洲胡狼/白唇鹿/岩

欧亚猞猁/棕熊/喜马拉雅旱獭/伊犁鼠兔/川西鼠兔/高原鼠兔/兔狲/藏狐/荒

鹅喉羚/蒙原羚/马可波罗盘羊/天山盘羊/野骆驼/雪

大鸨/

草原

《IUCN 濒危物种红色名录》受胁等级

CR：极危　EN：濒危

VU：易危　NT：近危

LC：无危　DD：数据缺乏

山羊/雪豹/

猫/普氏野马/

/草原雕/

羚聚狼逐

荒漠

丰富的地理气候环境使中国同样拥有多种草原类型

草原是占中国陆地面积最大的生态系统类型，超过 40% 的国土被草原覆盖。丰富的地理气候环境使中国同样拥有多种草原类型，如高寒草甸、高寒草原、温性草原……大面积、连贯的草原主要分布在青藏高原、新疆以及内蒙古等地区。不同类型的草原，不仅养育了诸多的草原民族和游牧文化，也是许多最为人所熟知的动物的家园。“天苍苍，野茫茫，风吹草低见牛羊”是南北朝时期人们对草原最典型的认知。

当气候条件更为寒冷干燥时，草原便向半荒漠和荒漠过渡。荒漠化是人类面对的一大生态问题，但自然条件下形成的荒漠生态系统绝非不毛之地，耐旱耐碱的植被养育着许多独特的野生动物，例如，在高寒荒漠和高寒草原间迁徙的藏羚羊，以及戈壁大漠中的野骆驼。

人类的捕猎活动是草原和荒漠野生动物面临的最大威胁之一。蒙原羚、藏羚羊都曾因此遭遇种群数量断崖式的下跌，而普氏野马、赛加羚羊更是在野外绝迹。大型食肉动物在内蒙古已经非常罕见，它们曾经因被视为威胁牧业的害兽而被消灭。随着《野生动物保护法》的颁行及反盗猎工作力度的加大，现在大部分草原野生动物所遭受的捕猎压力已经得到缓解。例如，青藏高原上藏羚羊的数量已显著回升，普氏野马也通过重新引入的方式回到新疆的卡拉麦里自然保护区。

保护草原野生动物的根本是解决它们生存空间的问题。随着放牧强度日益增大，许多草原野生动物的生存空间不断遭到压缩。最具代表的是普氏原羚，原本它们分布在内蒙古、甘肃和青海的广大区域，如今已退缩到青海湖边的一小片半荒漠草原。它们往往在白天躲入沙丘中，只在夜间才敢靠近被牧民用围栏圈起的草场进食。草原曾经供养了牧民和野生动物，但如今两者需要共同面对草原退化和荒漠化的威胁。随着社会发展，特别是 1990 年草场承包到户的政策推行后，许多牧民放弃了传统上逐水草而居的游牧方式而转为定居，加之许多牧户饲养的牲畜数量过多，造成草原负荷过重，许多地区出现了草地退化乃至荒漠化的现象。

2000 年开始的“退牧还草工程”是恢复草原生态系统的一项重要举措。然而一些具体措施令野生动物进一步陷入困境——由于隔离退牧区域的围栏会阻断有蹄类野生动物的行进路线，使得它们的生存空间进一步碎片化。鼠兔等草原啮齿动物一定程度上成为草原退化的“替罪兔”。虽然许多科学家一再声明草原啮齿动物并非草原退化的元凶，而且对于草原生态系统具有重要意义，但仍有许多地区在进行投药灭鼠的行动。许多保护组织及保护地管理机构已与牧民社区协调合作，采用合作社等方式，推动更合理的草场治理模式。2018 年，国务院机构改革，成立国家林业和草原局，也意味着草原管理由生产功能向生态保护功能的巨大转变。

荒漠地区相对较少地受到人类活动影响，但矿产、能源甚至石材等自然资源的开发开采，仍是不容忽视的威胁因素。在新疆卡拉麦里自然保护区，采石活动摧毁了金雕等猛禽用以筑巢的石山，而煤矿开采则侵占了有蹄类动物的栖息地。一些在天然荒漠开展的“绿化”项目白白浪费大量的资源，还破坏了原生植被，导致野生动物的生存条件进一步恶化。随着生态文明改革和保护地管理的加强，这一情况有望好转。

西藏羌塘甜水河，行进中的藏羚羊群。羌塘国家级自然保护区建立于1993年，是世界上面积最大的自然保护区之一。这里是藏羚羊、野牦牛等青藏高原特有物种的重要庇护所。

青木 / 摄

藏羚羊

Pantholops hodgsonii

NT

I

冬季是藏羚羊的交配季，雄性藏羚羊的“婚装”如同佩戴了黑色的击剑面具，为争夺配偶展开激烈的角斗。随着保护力度的提升，藏羚羊种群正在恢复，它们对人类的畏惧感也在消退。

达杰 野性中国 / 摄

藏羚羊主要分布于中国青藏高原的荒漠草原，是青藏高原动物区系的典型代表。血泪铺就的藏羚羊保护历程是中国最直击人心的保护故事。青藏高原的藏羚羊种群曾经十分壮大，但从20世纪80年代末开始，由于藏羚羊绒织物“沙图什”受到西方上流社会和时尚界追捧，盗猎分子在高昂的利益驱动下，对青藏高原的藏羚羊进行了前所未有的疯狂盗猎，导致其种群数量急剧下降。为了守护藏羚羊种群，1992—2000年，一支武装反盗猎队伍——野牦牛队与盗猎分子展开了殊死搏斗，并推动了青海可可西里国家级自然保护区的建立。其间，野牦牛队首任队长杰桑·索南达杰付出了生命的代价。

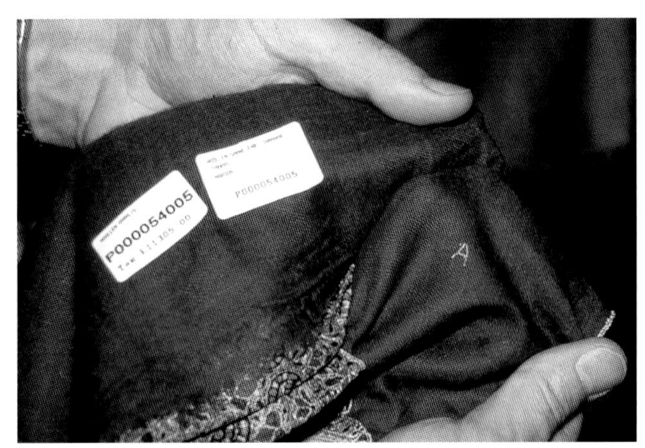

（对页）野牦牛队在巡山过程中的合影。

野性中国 / 供图

（上）野牦牛队缴获盗猎分子的物资和赃物。

奚志农 / 摄

（下左）藏羚羊绒制成的沙图什围巾，西方时尚界对它的追捧是造成藏羚羊盗猎的元凶。

乔治 · 夏勒 / 摄

（下右）扎巴多杰书记、奚志农、杨欣在巡山过程中露营。

野性中国 / 供图

青藏公路可可西里段，在藏羚羊迁徙季节，卡车司机会停车等候藏羚羊通过公路。

张强 / 摄

（对页）在公路边隐蔽的雄性藏羚羊。草原上公路、铁路等线性基础设施建设往往会切割野生动物的栖息地。相比设有专门通道的青藏铁路，藏羚羊在跨越青藏公路时面临更大的危险。虽然许多情况下车辆会停车让行，但冲撞事故仍时有发生。

张强 / 摄

普氏原羚有着标志性的弯角，又被称为“中华对角羚”。它们是中国特有的有蹄动物，也是世界上最濒危的有蹄动物之一，1986 年统计仅有约 350 只，因此在 1989 年被列为国家一级重点保护野生动物。普氏原羚本习惯一天多次采食，但为了躲避家畜，如今它们只能趁着暮色到草场上觅食，日出前便躲入沙丘。

斯塔凡 · 韦斯特兰德 / 摄

正在试图翻越铁丝网的普氏原羚。用来分割草场的草原围栏给许多草原野生动物带来了巨大的挑战。保护工作者与当地社区协调，降低了围栏高度，并摘除铁丝上的尖刺，以方便野生动物行动。

奚志农 / 摄

普氏原羚

Procapra przewalskii

EN

I

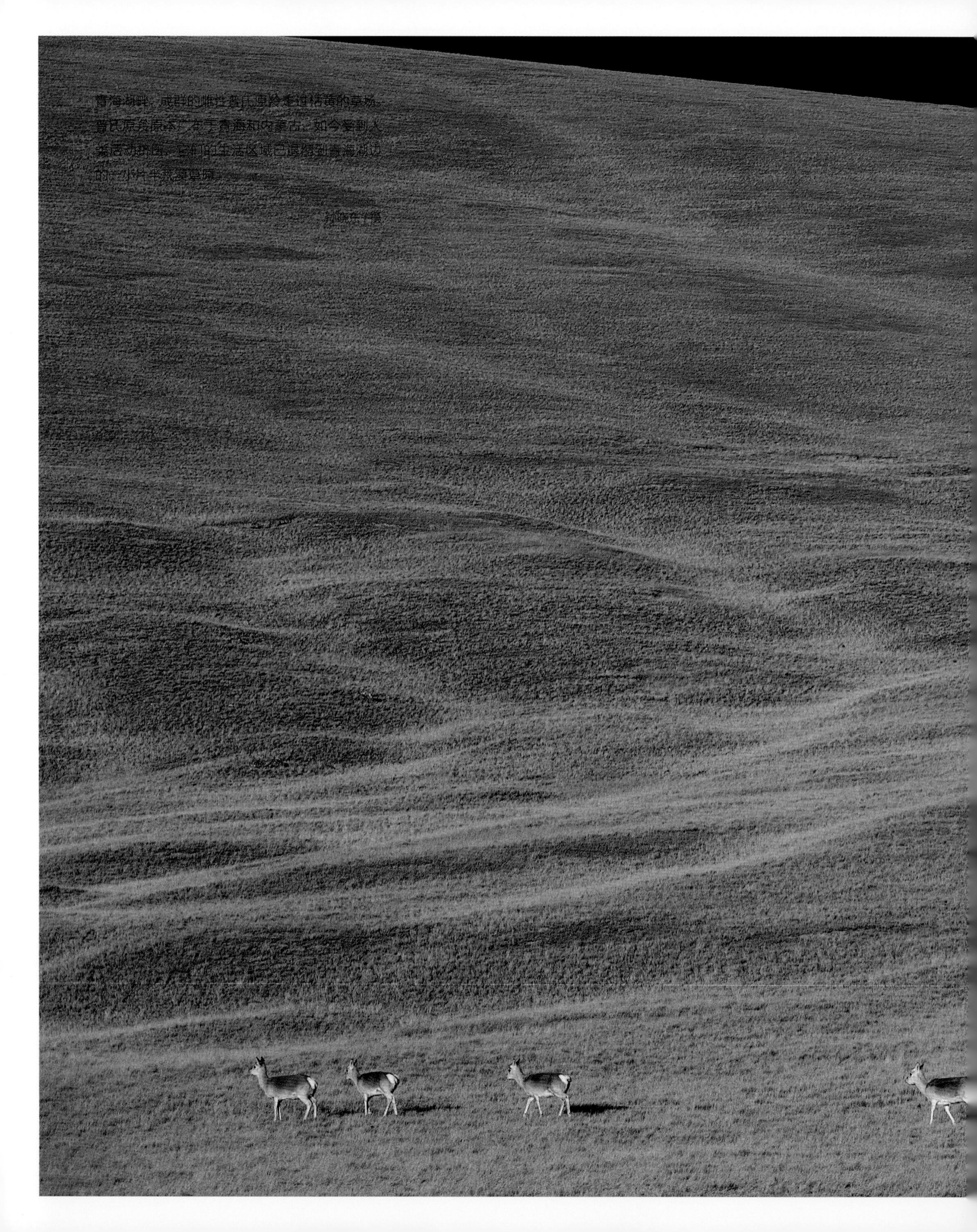

青海湖畔，成群的雌性普氏原羚走过枯黄的草场。普氏原羚原本广布于青海和内蒙古，如今受到人类活动挤压，它们的生活区域已退缩到青海湖边的一小片半荒漠草原。

孙晓东 / 摄

西藏阿里，晨曦中的藏原羚。藏原羚是中国分布的三种原羚之一，相比普氏原羚和蒙原羚，它们的处境要好得多。1989 年，藏原羚被列为国家二级重点保护野生动物。

程斌 / 摄

藏原羚

Procapra picticaudata

NT

II

在海拔 4300 多米的荒野，大雪覆盖了远处的沙漠。当雪开始融化时，一小群藏野驴前去寻找草地。藏野驴更多的时候以群居的方式生活，这样能使它们更好地抵御捕食者。藏野驴是一种体形较大的野驴，主要分布在青藏高原及其周边区域。虽然它们的种群数量稳定，但在其分布范围内，它们的种群很分散，并且威胁也在与日俱增。随着高原草场被私人承包并将野生动物隔离在外，藏野驴面临失去食物来源的风险。

樊尚珍 / 摄

藏野驴

Equus kiang

LC

I

野牦牛是青藏高原的特有种，是国家一级重点保护野生动物，也是这一区域人与动物微妙关系的一个反映。长久以来，作为青藏高原牧民核心财产的家牦牛就是由野牦牛驯化而来的，放牧动物也会和野生食草动物争夺生存空间。图为在阿尔金山自然保护区库木库里沙漠，野牦牛聚集群居，生存能力十分强大。如今在羌塘、阿尔金山、可可西里等保护区都能经常见到它们的身影。

成勇 / 摄

野牦牛

Bos mutus

VU

I

青海格尔木，昆仑山腹地，摄影师发现了一群集体出猎的狼。在随后的几个小时里，他观察到狼群几次袭击一群藏原羚，最终它们选择了这只年轻的藏原羚，分成梯队进行追击。狼作为曾经分布最广的大型食肉动物，已在绝大部分区域销声匿迹。青藏高原的荒原是中国少数能较容易地看到它们身影的区域。这些群居的捕食者控制着食草动物的数量，维持生态系统的健康。

同海元 / 摄

狼

Canis lupus

LC

II

四川阿坝藏族羌族自治州若尔盖县，草原上的狼群。由于狼对家畜的捕食，它们往往与牧民频繁冲突。保护工作者一方面推动放牧管理，降低家畜被捕猎的风险；一方面建立野生动物肇事补偿基金，以此来缓和人兽冲突。

左凌仁 / 摄

在西藏的喜马拉雅山脉中段南麓吉隆沟区域考察时，摄影师发现了这只亚洲胡狼。亚洲胡狼从北非到中东到南亚区域都有分布，但中国为边缘分布。这是首次有影像实证确认亚洲胡狼在中国的分布。

彭建生 / 摄

亚洲胡狼

Canis aureus

LC

II

白唇鹿是中国特有物种，同时也是中国鹿科动物中，栖息地海拔最高的物种。它们分布在青藏高原，包括青海、西藏、甘肃、云南西北部和四川西部。

次丁 野性中国 / 摄

白唇鹿

Przewalskium albirostris

VU

I

虽然白唇鹿的分布区内群山连绵，但它们更为偏爱平坦开阔的高山草坡。白唇鹿在 1989 年被列为国家一级重点保护野生动物。

奚志农 / 摄

（p124—125）青海三江源，雪中的雌性白唇鹿。

张强 / 摄

青海北部，祁连山国家公园，天峻山雪中的岩羊。

鲍永清 / 摄

岩羊

Pseudois nayaur

LC

II

北山羊对环境的选择与岩羊类似，在中国，它们主要分布在新疆、西藏、青海、甘肃等地。

斯塔凡·韦斯特兰德 / 摄

北山羊

Capra sibirica

NT

II

2018 年 4 月，一只雪豹出现在祁连山国家公园天峻山的山脊线上。雪豹是高寒山地的王者，青藏高原是它们分布的核心区域，保护工作者们希望对雪豹关注度的提升能够进一步推动这一区域的自然保护工作。

鲍永清 / 摄

青海三江源，红外线触发相机记录下雪豹的身影。红外触发等新技术的运用，使得科研人员和保护工作者能够以全新的方式了解野生动物的生存情况，并制定相应的保护策略。

山水自然保护中心 / 供图

雪豹

Panthera uncia

VU

I

欧亚猞猁

Lynx lynx

LC

II

澜沧江大峡谷，隐藏在山石中的欧亚猞猁。欧亚猞猁是一种中型猫科动物，也是国家二级重点保护野生动物。因毛皮被捕杀是它们面临的主要威胁。

更求曲朋 野性中国 / 摄

三江源高山草甸中的欧亚猞猁。

张强 / 摄

三江源，红外相机记录的棕熊。

山水自然保护中心 / 供图

（右上）昂赛大峡谷，红外相机拍摄的棕熊进入当地居民房屋觅食。

山水自然保护中心 / 供图

（右下）在山水自然保护中心的支持下，三江源的部分牧民在房屋周边建起了防熊电围栏，该方法被证明能够有效减少棕熊的袭扰。

山水自然保护中心 / 供图

人兽冲突是野生动物保护工作中无法回避的话题，对于大型食肉动物尤甚。虽然整体上大型食肉动物受到人类活动的挤压，但在遭遇个案中，人又往往是处在劣势的一方。在青藏高原，棕熊是当地居民最畏惧的大型食肉动物。雪豹、狼等食肉动物会猎食家畜，但往往会避开人类，而棕熊与人类相遇时有可能发动攻击。随着更多牧民选择定居，作为机会主义者的棕熊很快发现这些房屋中会储藏食物，因此不时会发生棕熊进入房屋觅食的情况，盗取食物的过程中，它们还会破坏房屋、家具，甚至造成人员伤亡。人兽冲突很可能降低人们保护动物的意愿，引发人们对野生动物的报复性猎杀。为了缓解人兽冲突，山水自然保护中心等保护机构一方面推动野生动物肇事补偿机制，同时也与当地社区合作探索减少破坏事件的方法。提高棕熊扒房的成本，减少它们的获利有助于改变它们这种危险的行为模式。保护中心通过加固房屋、推动牧户改变食物储存习惯、安装防熊电围栏等方式推动这一改变。

棕熊

Ursus arctos

LC

II

祁连山国家公园内，藏狐的突袭行动令这只喜马拉雅旱獭措手不及。这张照片获得了2019年国际野生生物摄影年赛年度摄影师大奖，这是中国人首次获得本项赛事的最高奖项。2015年起，中国正式开始国家公园体制试点，并计划建立以国家公园为主体的自然保护地体系，为野生动物留下珍贵的生存空间。

鲍永清／摄

喜马拉雅旱獭

Marmota himalayana

LC

鼠兔是高原啮齿动物的代表，中国分布有 29 种鼠兔，其中 13 种为中国特有种。在青藏高原，以高原鼠兔为代表的啮齿动物长期以来被当作草场退化的元凶予以消灭，而科学研究显示，它们与草原生态系统的关系极为复杂。鼠兔这类小型啮齿动物是青藏高原生态系统的基石，对整个生态系统的正常运转发挥着重要作用。它们不仅是各种中小型食肉动物的主要食物，其挖掘洞穴的行为也能够疏松土壤。退化的草场往往会出现大量鼠兔，相关研究指出，它们更应被看作草场退化的标志而非主要原因，但退化草场中大量繁殖的鼠兔确实会导致草场情况进一步恶化。由于啮齿动物繁殖迅速，通过投毒等方式进行大规模灭杀很难取得实际效果，反而会殃及捕食者，失去天敌的啮齿动物更易泛滥。在三江源，一些保护机构尝试通过引入藏狐、大鵟等鼠兔天敌来控制鼠兔数量。

伊犁鼠兔

Ochotona iliensis

EN

II

伊犁鼠兔是中国特有物种，仅分布于天山山脉海拔 2800 ~ 4100 米的裸岩地区。它长着一对格外醒目的大耳朵，显得十分可爱。

更求曲朋 野性中国 / 摄

川西鼠兔

Ochotona gloveri

LC

川西鼠兔又叫格氏鼠兔，也是中国特有物种，仅分布于青藏高原。

付满 / 摄

高原鼠兔

Ochotona curzoniae

LC

高原鼠兔又称黑唇鼠兔，它们是青藏高原最常见的鼠兔。

奚志农 / 摄

兔狲

Otocolobus manul

LC

II

兔狲是适应寒冷草原、荒漠环境的一种独特猫科动物。它们独特的面部特征使其在网络上收获许多关注。保护工作者希望这种“网红”身份能有助于对它们的保护。1989年，兔狲被列为国家二级重点保护野生动物。

斯塔凡·韦斯特兰德 / 摄

藏狐是青藏高原特有的犬科动物，它们的大方脸让其看起来有些滑稽。研究人员认为，藏狐和兔狲“脸大”的特征其实是其听觉系统对高原环境的适应。

张强 / 摄

藏狐

Vulpes ferrilata

LC

II

一只兔狲和一只藏狐狭路相逢，由于食性相近，这两种高原网红不免会发生冲突。

鲍永清 / 摄

嘉塘草原，保护工作者利用红外相机监测一个荒漠猫家庭。荒漠猫是中国特有的猫科动物，虽然名字中带有“荒漠”二字,但其实它们更青睐山地环境。1989 年，荒漠猫被列为国家二级重点保护野生动物。2021 年，又升级为国家一级重点保护野生动物。

山水自然保护中心 / 供图

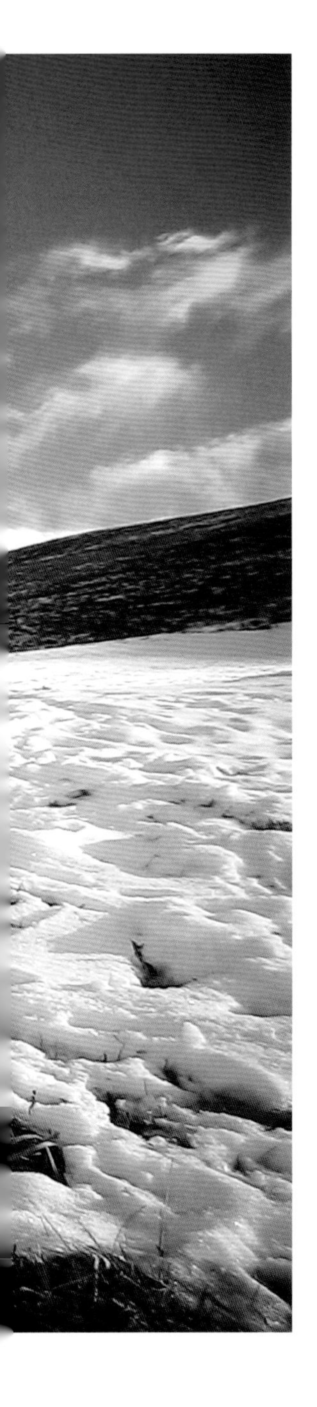

荒漠猫号称最神秘的草原猫科动物，图为 2018 年 10 月拍摄于青海省海晏县青海湖乡的荒漠猫，它在草丛中潜行，发现猎物后敏捷地跳起来捕捉。

尕布藏才郎 / 摄

荒漠猫

Felis bieti

VU

I

在北疆卡拉麦里的雪野上，放归野外的普氏野马群自由地繁衍生息，这是二马在争雄。普氏野马是世界上仅存的野生马。中国新疆是它们最早被发现的地方，然而 20 世纪 50 年代后这里就没有关于它们确切的野外记录了。1984 年，中国启动了普氏野马的再引入和繁育工作，并在 90 年代末开始在卡拉麦里有蹄类保护区开展野放尝试。

陈建伟 / 摄

为了改善引入普氏野马的遗传多样性，经过两年的艰苦谈判，新疆野马繁殖研究中心于 2005 年由德国引入 6 匹普氏野马。

杨维康 / 摄

普氏野马

Equus ferus

EN

I

鹅喉羚

Gazella yarkandensis

VU

II

正在饮水的鹅喉羚。水源对于生活在荒漠-半荒漠地带的野生动物来说是性命攸关的资源。矿业开发、种植业甚至一些不当的治沙绿化活动都可能使珍贵的水资源消失，气候变化则进一步加剧了水资源短缺的威胁。

邢睿 荒野新疆 / 摄

蒙原羚曾经是内蒙古草原最具标志性的野生有蹄动物之一，然而过度猎杀、栖息地丧失和破碎化给它们造成了很大的打击，特别是中蒙边境围栏阻断了蒙原羚的迁徙路线，如今已经很难见到它们的身影。

陈建伟 / 摄

蒙原羚

Procapra gutturosa

LC

I

马可波罗盘羊是体形最大的盘羊，也叫帕米尔盘羊，它们主要生活在帕米尔高原的边境区域。雄性盘羊长有巨大弯曲的角，使它们成为狩猎的目标。乔治·夏勒等保护学者建议通过建立跨国境的自然保护地来更有效地保护这一区域的野生动物。

奚志农 / 摄

马可波罗盘羊

Ovis polii

II

2017 年 7 月 12 日，新疆库尔德宁，执法人员缴获非法交易的盘羊头骨。野生动物贸易链的组成包括盗猎者、地区收货人、人肉走私客、加工商和终端卖家，打击非法贸易也需要保护工作者从各方面进行干预。

程雪力 / 摄

天山盘羊

Ovis karelini

II

和马可波罗盘羊相比，天山盘羊的毛色更深。

斯塔凡 · 韦斯特兰德 / 摄

野骆驼是国家一级重点保护野生动物。在罗布泊野骆驼国家级自然保护区，它们的数量十分稳定。

徐永春 / 摄

野骆驼

Camelus ferus

CR

I

雪鸮

Bubo scandiaca

VU

II

捕猎中的雪鸮。雪鸮和其他许多种类的猫头鹰一样，受到来自非法宠物市场的严重威胁。

徐永春 / 摄

青海省海南藏族自治州，这座山头本是藏狐的领地，谁知迁徙路过此地的草原雕想在此地歇歇脚。正当草原雕休息时，突然冲出一只藏狐，向草原雕扑去。草原雕一个大鹏展翅，看着自己的敌人惊恐无比，藏狐抬头望着半空中的草原雕却无可奈何。

余五灵 / 摄

草原雕

Aquila nipalensis

EN

I

大鸨是国家一级重点保护野生动物。雄性大鸨在繁殖期会护卫领地。

徐永春 / 摄

大鸨

Otis tarda

VU

I

野性中国

牧民摄影师成长计划

“牧民摄影师成长计划”的缘起

子鋆

1986—1987年，国际著名动物学家乔治·夏勒博士来到中国帕米尔高原的恰拉其谷进行研究，开启了马可波罗盘羊保护和观测的历史。2005年10月至11月，野生动物摄影师奚志农陪同乔治·夏勒博士再次考察。他们一行人住在当地牧民胡达拜尔迪的家里，同时请他作为向导。而胡达拜尔迪的儿子，当年就跟在父亲的身后，作为助手帮奚志农进行观察和拍摄。多年以后，当年的向导之子依明江·胡达拜尔迪，成为新疆塔什库尔干保护区的护林员，在马可波罗盘羊的家园里从事保护工作。奚志农在野性中国举办的中国野生动物摄影训练营再次和小伙子相聚时，他已经扛起相机，立志做一名自然摄影师。

奚志农如今回忆起来，这件事是后来野性中国组织进行的“牧民摄影师成长计划”的最初缘由之一。2016年1月和3月，奚志农远赴青海杂多长江源地区的澜沧江昂赛大峡谷拍摄雪豹。在此期间，他偶遇两位拿着业余卡片数码相机拍摄野生动物的本地藏族牧民——达杰和次丁，而他们的卡片机里记录下的，居然是野生动物摄影师们连做梦都想拍到的雪豹！

时隔多年的两次与牧民的接触，使奚志农意识到：无论是在新疆的高山上还是在青海三江源，当地牧民都有着得天独厚的优势。他们对于野生动物虽没有科学和系统学习，但是对它们的习性十分熟悉，而且野生动物不惧怕他们，因而他们能够比外来摄影师更加贴近野生动物的生活。于是，奚志农和他的团队开始带领、指导牧民摄影师团队进行系统拍摄，帮助他们更换专业级的装备，就是为了让用影像保护自然这把火炬，一直传递到离野生动物最近的本地牧民手中，让他们记录自己最熟悉的野生动物。

经过几年的发展和磨合，计划已经初见成效。藏族牧民次丁、达杰、更求曲朋等都成为优秀的野生动物摄影师，为保护当地的生态环境做出了贡献。奚志农在日记中写道：“这或许是第一次，我们把相机几乎完全交给了牧民摄影师。这份经年累月、不舍昼夜地拍摄所呈现出来的惊喜，也是我们能想到的，送给自然的最好的礼物。”

（上）2005年10月至11月，野生动物摄影师奚志农陪同乔治·夏勒博士再次实地考察马可波罗盘羊。左一的小朋友为当地向导的儿子依明江·胡达拜尔迪，左二为乔治·夏勒博士。

野性中国 / 供图

（下）青海玉树，奚志农指导牧民摄影师进行拍摄。

野性中国 / 供图

（上左）牧民摄影师次丁。

野性中国 / 供图

（上右）长大后的依明江·胡达拜尔迪。

野性中国 / 供图

（下左）牧民摄影师达杰。

野性中国 / 供图

（下右）趴在地面上正在拍摄香鼬的牧民摄影师更求曲朋。

野性中国 / 供图

（对页上）青海，纵身跳过小溪的岩羊。

次丁 野性中国 / 摄

（对页下）青海，山谷中盘旋的黑鸢。黑鸢为国家二级保护动物，是一种大型猛禽，它们栖息于开阔的山地或丘陵地带，不时在空中展翅翱翔，寻找猎物。

次丁 野性中国 / 摄

牧民有着天时、地利、人和的独特优势，很多野生动物对牧民的警惕性远远低于对外来者的警惕性，所以他们有可能近距离拍摄野生动物。图为牧民次丁拍摄的岩石旁露出身形的雪豹幼崽。

次丁 野性中国 / 摄

白鱀豚/长江江豚/白鲟/中华鲟/高原

丹顶鹤/黑颈鹤/苍鹭/黑鹳/中华秋沙鸭/白头硬

麋鹿/扬子鳄/斑鳖/平胸龟/大鲵/尾斑瘰螈/橙

安吉小鲵/长鳍马口鱼/光倒刺鲃/琼中拟平鳅/蒙新河狸/欧亚水獭/

河湖

《IUCN 濒危物种红色名录》受胁等级

CR：极危 EN：濒危

VU：易危 NT：近危

LC：无危 DD：数据缺乏

/白鹤/

/斑头雁/遗鸥/

蝾螈/

鹤舞鱼跃

湿地

湿地与森林、海洋并列为全球三大生态系统之一

水是生命之源。黄河、长江两条大河流域更被看作中华文明的发源地。湿地与森林、海洋并列为全球三大生态系统之一，广义的湿地包含海洋外的各种水体——从潺潺山溪到奔腾的江河，从青草池塘到浩荡大湖，以及水陆交汇的沼泽、滩涂、河湖海岸等。无数生灵以湿地为家，如生活在水中的鱼类，蛙、螈、鲵等两栖类，龟、鳖、鳄等爬行类，鹤、鹬、雁、鸭等水鸟，以及江豚、白鱀豚等水生哺乳动物。

人们对水生野生动物的了解往往不及陆生野生动物那样直观，因此水生野生动物受到的关注更少。《国家重点保护野生动物名录》仅包括 15 种鱼类。许多鱼类、水生无脊椎动物长期被作为水产资源开发，与水生野生动物相关的《国家重点保护经济水生动植物资源名录》和《人工繁育国家重点保护水生野生动物名录》整体仍倾向于资源利用。所幸农业农村部在 2018 年宣布将部分《濒危野生动植物种国际贸易公约》附录水生动物物种核准为国家重点保护野生动物，将淡水龟鳖为代表的一些濒危水生动物纳入法律保护。

此外，水生动物更容易受水污染的直接影响，工业排污点源污染和农药化肥造成的面源污染会对水生动物造成较大危害。水利水电设施的建设对于江河的自然水文有着巨大影响。对一些水生动物来说，这种影响是毁灭性的，比如有洄游习性的珍稀鱼类中华鲟，它们本在长江上游产卵繁殖，但葛洲坝工程截流阻断了它们的回迁路线。在云南、四川等长江上游地区，水电建设已完全截断大河。这些大坝不仅改变了上游水生动物的生存环境，还会进一步影响中下游河湖的水文消长。

相比其他生态系统，湿地在中国得到的系统认知最晚，一直到 1992 年中国加入《湿地公约》后，这一概念才逐渐被广泛接受。特别是狭义的湿地——水陆交汇处的滩涂、沼泽等区域，一直被作为荒地、废地开发，排干湿地进行农业垦殖、养殖生产乃至工业建设的情况非常普遍。直到 2018 年全国第三次土地资源

管理调查中，湿地才被划为专门的地类。2013 年，国家林业局颁布了《湿地保护管理规定》。但相比于 20 世纪 80 年代就受到《森林法》《草原法》《海洋环境保护法》等专项法律保护的生态系统，湿地保护相关的立法工作还有待推进。

中国在 20 世纪 70 年代后期就开始建立一些湿地类型的自然保护区，如青海湖鸟岛、黑龙江扎龙、江西鄱阳湖等。2000 年，又以杭州西溪湿地为起始，建立了一系列国家湿地公园。国家公园体制试点开始后，又在江河源区建立了三江源国家公园和钱江源国家公园。

然而许多以湿地为家的野生动物都具有迁徙的习性，不仅包括洄游的鱼类，还有大部分水鸟，因此完全依靠保护地很难实现对它们的保护。一些违法者会在水鸟迁徙路线上张网或下毒进行盗猎。民间已经有保护机构发起“让候鸟飞”“任鸟飞”等针对性的保护行动，但一些地方执法者的支持力度还有待加强。

河湖湿地也会受整个流域水文环境影响。2016年，习近平总书记在长江经济带发展座谈会上提出要“共抓大保护，不搞大开发”，强调将长江生态保护放到首位。2020 年 1 月，为期 10 年的禁渔在长江干流和主要支流开始实施。这些流域尺度的保护措施或许能让长江重现生机，也可以为日后的保护工作提供借鉴。

1976 年 8 月 25 日，参加第一次青藏高原科学考察的摄影师拍摄下了这张唐古拉山各拉丹冬雪峰下的姜根迪如冰川的照片。长江就从这里的涓涓细流开始了她的万里行程，滋养了亿万中华儿女和无数华夏生灵。在气候变化背景下，全球的冰川都在退缩，守护中华民族的水源地也是保护者面临的一大挑战。

茹遂初 / 摄

白鱀豚“淇淇”在 1980 年住进了位于武汉的中国科学院水生生物研究所，为人们了解这一长江独特的物种提供了机会。尽管科学家和保护工作者不断努力，但未能挽救白鱀豚这一物种。2006 年，多国科学家在长江进行了数十天的搜寻，没有找到哪怕一头白鱀豚的踪迹，第二年科学家无奈地宣布白鱀豚功能性灭绝。虽然仍可能有少数个体存活，但已难以在自然条件下继续繁衍。

徐健 / 摄

1997 年 3 月 11 日，白鱀豚“淇淇”正在接受体检。

周国强 视觉中国 / 供图

白鱀豚

Lipotes vexilifer

CR
—
I

江西省上饶市，余干县康山大堤水域，鄱阳湖中正在捕食的江豚。对于生活在野生条件下的江豚而言，水利设施建设带来的水文变化，渔业误捕和过度捕捞带来的食物匮乏，挖沙、污染、航运带来的环境变化，都是它们需要应对的问题。

余会功 / 摄

长江江豚

Neophocaena asiaeorientalis

CR

I

湖北天鹅洲淡水豚国家级自然保护区，一只长江江豚从水中探出头。天鹅洲是长江改道后形成的牛轭湖，相比于受到各种发展压力的长江主干道和主要支流，这里也成为长江豚类迁地保护的重要庇护所。

程斌 / 摄

作为白鱀豚灭绝后长江中仅剩的一种淡水豚类，长江江豚的种群变化与长江生态系统的健康程度息息相关，直接反映了长江的渔业资源水平和水体污染程度。从 20 世纪 90 年代初开始，长江江豚的种群数量不断下降，到 2017 年仅剩 1000 余头，长江生态也岌岌可危。在这样的情况下，迁地保护成为保护这个物种的重要手段之一。经过考察论证，长江自然裁弯而成的天鹅洲故道被选为江豚迁地保护的理想场所，世界上第一个对鲸豚类进行迁地保护的保护区——湖北长江天鹅洲白鱀豚国家级自然保护区在此成立。这一组江豚体检的照片就拍摄于这个保护区：用特有的网兜将长江江豚运到柔软的海绵上，避开呼吸口泼水保持它身体湿润，同时争分夺秒地进行称体重、量体长、测胸围、测心率、做 B 超、采血、采粪便等工作。如今，天鹅洲生活着数十头长江江豚，而且每年都有新生的小江豚，已初步形成一个能够维持自我生存和繁衍的群体。但长江江豚终究是应该生活在长江里的。相信在不远的将来，随着长江生态保护事业取得历史性进展，长江故道里的江豚定能重返长江干流，安全长久地繁衍下去。

诸川汇 / 摄

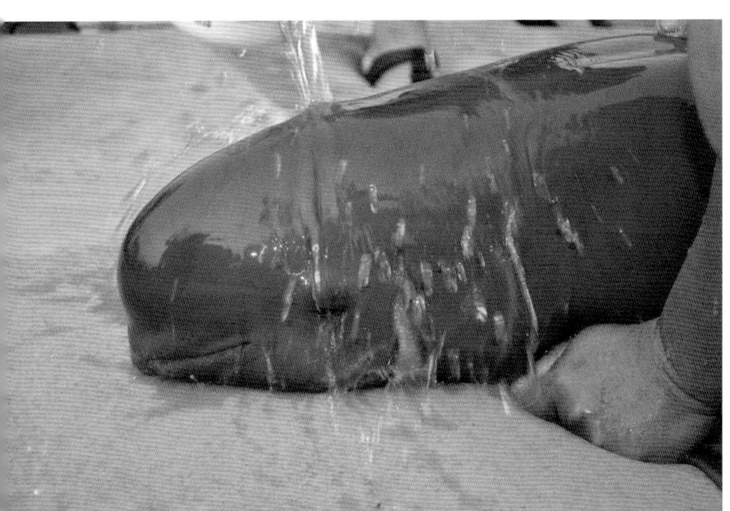

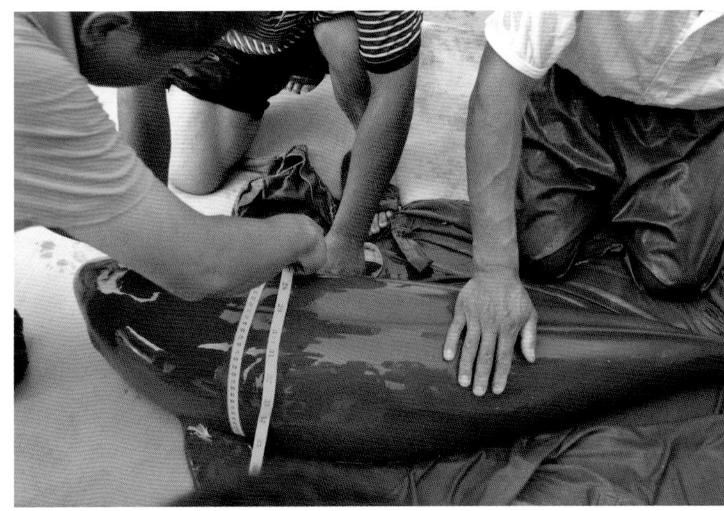

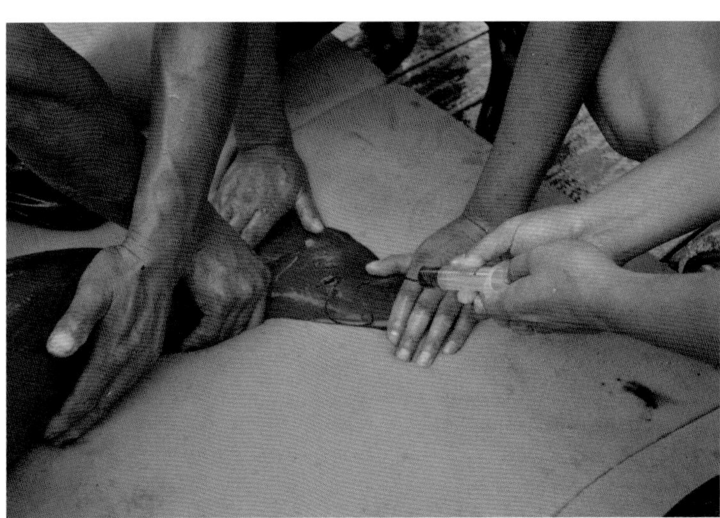

20 世纪 90 年代初期，在葛洲坝附近的江岸边拍摄到的野生白鲟。白鲟又称为中华匙吻鲟，曾是中国体形最大的淡水鱼类。2019 年 12 月，危起伟团队发表文章宣布白鲟功能性灭绝。这个传说可长到万斤、曾经的中国淡水鱼之王，最终没能进入 2020 年。

危起伟 / 摄

这是有影像记录的人类与白鲟最后一次“亲密接触”的珍贵画面。2003 年 1 月 24 日，中国水产科学研究院长江水产研究所的学者在四川宜宾南溪江段救下了一条被误捕的白鲟。这条雌性白鲟长 3.52 米，重达 150 公斤。白鲟腹部有大量的待产鱼卵，大家救护了四天三夜后，将它尽快放流，并在它的背上装上了超声波跟踪器。科学家危起伟回忆说：“这张是我在给白鲟的鳃补给镇静液体。它被救活了。1 月 24 日，它被误捕，27 日放流，我们使用超声波跟踪了两天，后来跟踪用的玻璃钢小艇因触礁而停止工作，加上春节，我们因此无法找到配件修理螺旋桨。后来买到了螺旋桨，这条白鲟却再也找不回来了。”

危起伟 / 供图

白鲟

Psephurus gladius

CR

I

2000 年 8 月 1 日清晨，一条被渔网缠身、长 3.8 米、重约 350 公斤的国家一级重点保护野生动物中华鲟，在武汉长江白沙洲大桥下，被渔民解救放生。

周国强 视觉中国 / 供图

中华鲟

Acipenser sinensis

CR
—
I

鳙鱼（上）、鲢鱼（右上）和青鱼（右下），“青草鲢鳙”是中国人熟知的淡水四大家鱼，由于过度捕捞和生境破坏，长江中四大家鱼的繁殖量已减少 90%。有赖于 20 世纪 60 年代人工养殖技术的突破以及增殖放流，四大家鱼的野生种群得到了一定补充。

周佳俊 / 摄

高原裸鲤在神山圣湖旁的小溪中产卵。它们和青海湖的湟鱼是近亲，每年 7 月开始洄游到溪流中产卵。研究表明，它们是鲤科中一种遗传多态比较贫乏的鱼类，从而形成了特有的血液学生物特性系统，为青藏高原鱼类分类的研究提供了宝贵的资料。当地人并不会捕食它们，这为它们提供了相对安全的生存条件。

程斌 / 摄

高原裸鲤

Gymnocypris waddellii

LC

冬日，白鹤飞抵江西鄱阳湖。白鹤是世界上15种鹤中唯一被列为“极危”的物种，它们在西伯利亚北部的苔原上繁殖，几乎全部白鹤都集中在鄱阳湖越冬。中国已在鄱阳湖以及白鹤迁徙路线上，如吉林莫莫格、向海，辽宁獾子洞，天津北大港和黄河三角洲等地建立了一系列自然保护区。

廖士清 / 摄

白鹤

Grus leucogeranus

CR

I

黑颈鹤

Grus nigricollis

NT

I

黑颈鹤，生活于海拔 2500 ~ 5000 米以上的高原湖泊、河滩及沼泽地带，是中国，也是世界上唯一一种终生生活在高原上的鹤科鸟类。图中的成年黑颈鹤和幼年黑颈鹤同行，仿佛母亲与蹒跚学步的孩童。

奚志农 / 摄

江苏盐城越冬的丹顶鹤。丹顶鹤是国家一级重点保护野生动物，也是人们熟悉的“仙鹤”。

吴秀山 / 摄

丹顶鹤

Grus japonensis

VU

I

北京十渡拒马河为黑鹳和苍鹭提供了理想的觅食地。

关鹏 自然影像中国 / 摄

苍鹭

Ardea cinerea

LC

黑鹳

Ciconia nigra

LC

I

中华秋沙鸭

Mergus squamatus

EN
I

中华秋沙鸭妈妈带领孩子们在溪流中游泳嬉戏。中华秋沙鸭仅繁殖于中国东北地区和相邻的俄罗斯、朝鲜边境，在林区内的湍急溪流中生活。它们一般在距离地面超过10米的树洞中繁殖，雏鸟破壳一天后，就在鸭妈妈的带领下，从高高的巢洞中跳下，进入溪流生活。

徐永春 / 摄

白头硬尾鸭雄鸭繁殖期天蓝色的嘴极具辨识度。白头硬尾鸭在 2016 年被世界自然保护联盟评估为“濒危”，主要分布在中亚、西亚、俄罗斯等地。2007 年，乌鲁木齐经济技术开发区的白鸟湖首次出现中国境内的白头硬尾鸭种群。为了保护这种濒危的水鸟，民间志愿者在它们的繁殖期组织了巡护队，并与开发区管理部门协商为它们提供更理想的栖居环境。2018 年，开发区园林管理局正式接管了白鸟湖的保护工作，并筹划建立湿地公园，使这片水鸟栖息地纳入正式的保护地体系。

南京冬冬 荒野新疆 / 摄

白头硬尾鸭

Oxyura leucocephala

EN

I

斑头雁一家离开繁殖地横渡青海湖去河口觅食。斑头雁是世界上飞得最高的鸟类之一，它们在海拔 3200 ~ 5000 米的青藏高原腹地繁殖，可在一天之内飞越喜马拉雅山，到海拔不到 5 米的印度孟加拉湾沿岸过冬，其迁徙路径可以说是世界上最陡的。

徐永春 / 摄

斑头雁

Anser indicus

LC

虽然遗鸥雏鸟为半早成鸟，3 ~ 4 日龄即可自由奔跑，受惊时还能下水游泳，但它们早晚和中午仍然需要偎依在亲鸟旁维持体温，也需要跟随亲鸟学习生存技能。图为被父母呵护着的遗鸥幼鸟。

戴东辉 / 摄

遗鸥是人类认识最晚的鸟类之一，直至1971年才被确定为独立种。遗鸥仅分布于亚洲中东部，是一个狭栖性物种。迄今发现的遗鸥繁殖种群只有俄罗斯远东－蒙古种群、哈萨克斯坦中亚种群和中国鄂尔多斯种群。鄂尔多斯高原拥有世界上数量最多的遗鸥繁殖种群，它们经常在沙漠咸水湖和碱水湖中的湖心岛上繁殖，如桃力庙－阿拉善湾海子、敖拜淖尔等。由于1990年世界最大繁殖种群的发现，桃力庙－阿拉善湾海子建立了保护区，并一路从省级上升到国家级，进而列入国际重要湿地。遗憾的是，鄂尔多斯高原的湖泊正在萎缩，由于水位下降乃至干涸，桃力庙－阿拉善湾海子、敖拜淖尔的遗鸥繁殖种群在21世纪初不得不向周边水体面积较大的湖泊转移。红碱淖尔的遗鸥繁殖数量从2001年开始不断增长，如今已接替桃力庙－阿拉善湾海子成为世界最大的遗鸥繁殖地。新的遗鸥繁殖地点也不断发现，如陕西定边苟池湿地、呼和浩特袄太湿地、河北康巴诺尔、宁夏双猫头湖等，而桃力庙－阿拉善湾海子、敖拜淖尔已罕见遗鸥踪迹。

6月下旬的鄂尔多斯草原，上千只遗鸥幼鸟聚集在湖心岛上，这里犹如一个巨大的托儿所。

戴东辉／摄

遗鸥

Ichthyaetus relictus

VU

I

江苏大丰，湿地中的麋鹿。长江中下游的湿地是麋鹿的故乡，但随着人类活动的开展，它们逐渐从这里消失。1900 年八国联军入侵后，它们在中国消失，只有少数种群被劫掠到欧洲，生活在庄园和动物园中。直到 20 世纪 80 年代，中国重新引入麋鹿，它们才重返家园。

徐永春 / 摄

麋鹿

Elaphurus davidianus

EW

I

扬子鳄是中国特有种，国家一级重点保护野生动物。它们分布于长江中下游的河湖池沼中。随着这些地区的经济发展，扬子鳄原有的栖息地不断被开发，它们的数量也开始锐减。目前野生的扬子鳄已不足200条。安徽宣城建立了国家级自然保护区。有赖于20世纪80年代人工繁育技术的突破，扬子鳄的人工种群已超过16000条。21世纪已开始尝试在安徽及上海崇明岛等适宜栖息地野放，并取得了初步成功。然而现存适宜扬子鳄生存的栖息地已很少，使得大量人工繁育的扬子鳄只能在人工环境中生活。

薄顺奇 / 摄

扬子鳄

Alligator sinensis

CR

I

斑鳖

Rafetus swinhoei

CR

—

I

2015 年 5 月 6 日，江苏苏州，国际野生生物保护学会、国际龟鳖生存联盟（TSA）与中国动物学会合作，对苏州动物园内我国仅剩的一对百岁“斑鳖情侣”进行首次人工授精尝试。据科研人员估计，斑鳖的自然分布区包括长江中下游、太湖流域、云南红河流域及越南北部少数地区。然而由于栖息地被破坏，中国境内已多年没有斑鳖的野外记录，人们把延续这一物种的希望寄托在对养殖个体的人工繁育上。然而 2019 年，最后一只已知的雌性斑鳖在人工授精后死亡，斑鳖这一具有传奇色彩的物种很可能走向灭绝。

王建中 视觉中国 / 摄

浙江淳安山溪中的平胸龟。中国野生龟鳖的处境都不理想，除栖息地破坏外，非法贸易驱动的捕杀也是主要原因。在一些区域，龟鳖被视作滋补佳品。此外，宠物玩家对稀有种类的追捧也使得大量野生龟鳖被捕捉，它们因此失去在野外繁衍的机会。和平原的河湖池沼相比，一些山间溪流成为野生淡水龟类的庇护所。

周佳俊 / 摄

平胸龟

Platysternon megacephalum

CR

II

贵州梵净山山间溪流中的大鲵。由于过度捕捞，大鲵在很多地区都已消失。虽然被列为国家二级重点保护野生动物，但烹食大鲵的情况仍屡见不鲜。虽然大鲵的人工养殖技术已相对成熟，但未建立遗传谱系的人工种群可能对原生种群造成基因污染。2018 年，研究人员通过分子生物学研究发现，中国的大鲵很可能并非单一物种，而包括五个以上的独立物种。

肖诗白 / 摄

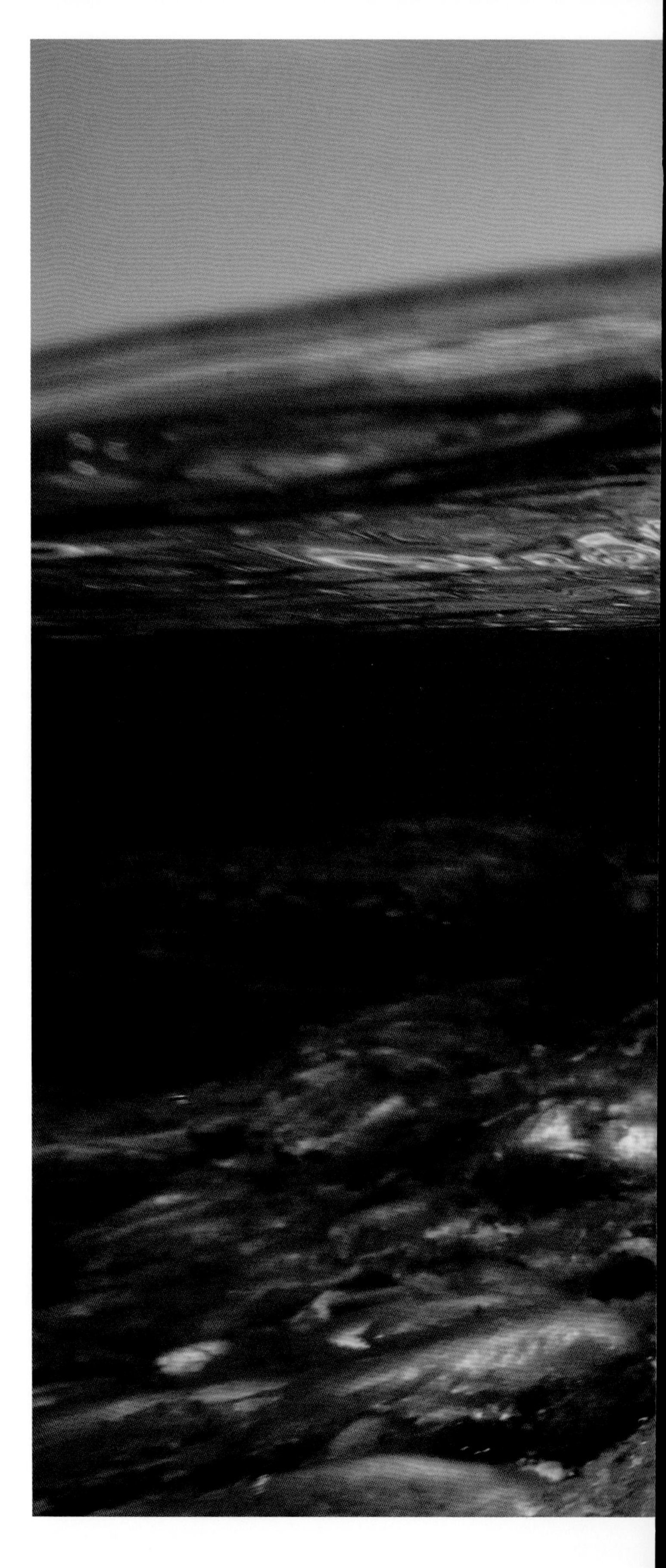

大鲵

Andrias davidianus

CR

II

贵州雷山，溪流中的尾斑瘰螈。尾斑瘰螈是中国特有种，仅分布于贵州、广西等地洁净的山区溪流中。除大鲵外，其他两栖纲有尾目的动物处境也不理想。两栖类动物普遍容易受到水污染的影响，一些栖身于山溪内的物种相对受影响较小。即便如此，基础设施建设、水电建设、旅游等开发项目也威胁着它们的栖息地，此外，由于食用、药用及宠物市场的需求使它们的境况雪上加霜。2019 年，中国关于将疣螈属和瘰螈属全部列入 CITES 公约附录的提案被采纳。

周佳俊 / 摄

尾斑瘰螈

Paramesotriton caudopunctatus

NT

II

橙脊瘰螈

Paramesotriton aurantius

VU

II

橙脊瘰螈，2016 年新发现的物种，曾被错误地鉴定为中国瘰螈。中国两栖动物的物种多样性被大大低估，仍有大量物种有待发现。

周佳俊 / 摄

安吉小鲵，被世界自然保护联盟评定为极危物种，仅在浙江安吉龙王山自然保护区海拔1300米的沼泽区域和浙江临安清凉峰自然保护区海拔1600米的沼泽地内被发现。

周佳俊 / 摄

安吉小鲵

Hynobius amjiensis

EN

I

浙江武义牛头山国家森林公园的溪涧中，成群的长鳍马口鱼互相追逐，发情的雄鱼体色尤为艳丽，吸引了大量观赏鱼爱好者的目光。

周佳俊 / 摄

长鳍马口鱼

Opsariichthys evolans

海南霸王岭，溪流原生环境。

程斌 / 摄

浙江仙霞岭自然保护区，溪流中的光倒刺鲃。一条健康的溪流中，应该有这样食物链顶端的掠食性鱼类。

周佳俊 / 摄

光倒刺鲃

Spinibarbus hollandi

DD

海南保亭，琼中拟平鳅。一些森林类型自然保护地中的溪流池塘，为许多水生动物提供了庇护。

张帆 / 摄

琼中拟平鳅

Liniparhomaloptera disparis qiongzhongensis

DD

蒙新河狸是欧亚河狸的一个亚种，在中国仅分布于新疆阿勒泰乌伦古河流域，是国家一级重点保护野生动物，目前种群数量约为 600 只。1981 年建立的布尔根河狸自然保护区在 2013 年升格为国家级自然保护区。

初雯雯 / 摄

蒙新河狸

Castor fiber birulai

LC

I

四川唐家河国家级自然保护区，欧亚水獭在清澈的河水里抓到一条很大的裂腹鱼，正将其拖上岸准备吃掉。这里是难得的没有被小水电站影响的山区河流，保留了原有的样子。

黄耀华 / 摄

（上）青海省玉树市市区的河道中，生活着欧亚水獭种群。为了方便它们生活和觅食，山水自然保护中心的工作人员特意为它们修建了隐蔽所，而这些隐蔽所最终也被水獭接受。图为工作人员安装隐蔽所和红外相机的工作照。

山水自然保护中心 / 供图

（下）红外相机拍摄的隐蔽所内的水獭。

山水自然保护中心 / 供图

欧亚水獭

Lutra lutra

NT
II

（对页下）青海年保玉则，溪流中的欧亚水獭。中国曾有三种水獭，其中欧亚水獭分布最广。水獭曾被视为“渔业害兽”和“皮毛动物”，因而遭到大肆捕杀，在很多地区消失。随着《野保法》的颁布，水獭被列为国家二级重点保护野生动物，受到法律保护。

普哇杰 / 摄

中华白海豚/布氏鲸/斑海豹/绿海龟/大旋鳃虫/白条

大法螺/莱氏拟乌贼/路氏双髻鲨/鲸鲨/大弹涂鱼/

圆尾鲎/中华鲎/勺嘴鹬/中华凤头燕鸥/黑

《IUCN 濒危物种红色名录》受胁等级

CR : 极危　EN : 濒危

VU : 易危　NT : 近危

LC : 无危　DD : 数据缺乏

居鱼/鳞砗磲/
管招潮/
鹭/

鸥集鲸嬉

海岸

海洋野生动物保护能否成功，一定程度上取决于保护工作者的视野、格局与合作协同能力

中国拥有超过1.8万公里的大陆海岸线和1.4万公里的岛屿海岸线，与中国领土相邻的海域面积超过460万平方公里。渤海、黄海、东海和南海四大海域包括了温带、亚热带和热带的典型生态系统。中华白海豚、玳瑁、斑海豹等水生野生动物在这些海域游弋，而东南沿海的滩涂湿地是东亚—澳大利西亚候鸟迁徙路线上的重要停歇补给场所。

与陆生野生动物相比，海洋中的许多野生动物被人们习以为常地作为"海鲜水产"捕捞利用或者作为食物，如人们熟知的大黄鱼、小黄鱼、带鱼、虾、蟹、贝类、墨鱼等。长期高强度的捕捞使得中国近海的许多物种面临威胁。不仅是捕捞的目标物种，一些非经济物种也因兼捕受害，另一些水生动物则受困于食物来源的减少和不当的捕捞方式带来的生存环境破坏。我国于1986年颁布的《渔业法》明确提出将水生生物作为渔业资源进行保护，并以许可证制度对捕捞进行管理。1985年，国务院发布《关于放宽政策、加速发展水产业的指示》，确定"以养殖为主"的发展方针，使捕捞压力略有缓解。1995年开始在东海、黄海，1999年开始在南海施行休渔政策，这对减缓物种消亡起到了一定作用。但若想使海洋物种资源得到充分恢复，渔业渔政管理面对的挑战仍然很大。

污染也是保护海洋野生动物必须面对的挑战，由于污染造成的水产减产在20世纪70年代便已出现。除了陆源的工业、农业污染，船舶污染外，不当的海产养殖也会造成水域污染。虽然《环境保护法》和《海洋环境保护法》对污染问题都有明确规定，但违法违规排放的情况仍屡禁不止，如2008年山东青岛海域和珠江口海域分别发生了浒苔和赤潮爆发的情况。随着生态文明建设的推进，中央环保督察重拳出击，海洋污染的问题有望得到缓解。

红树林、海草床、珊瑚礁和沿海滩涂等野生动物栖息地都不同程度地受到资源开发和建设项目的威胁。近年来，自然保护区等保护地建设一定程度上保

留了一些具有代表性的栖息地，截至2020年，中国已建立的各级各类海洋保护地达270余处。中国黄（渤）海候鸟栖息地在2019年被列入《世界遗产名录》，成为中国第一处海洋自然遗产。目前海洋保护地约占我国管辖海域面积的4.6%，在面积比例上远落后于陆地保护区。而海洋类型的自然保护地管理也更具挑战，无论是在划定和标明边界，还是监测巡护等方面，都较陆地环境困难得多、成本高得多、可执行度差得多，一些区域还受到领海主权争议影响。2015年，国务院发布了《全国海洋主体功能区规划》，为海洋的保护和管理提供了指导方向，制定统一的海洋自然保护地发展规划将为海洋保护进一步理清脉络。

相比生活在河湖中的水生野生动物，对海洋动物的监测管理更为困难，特别是海洋很多物种会进行长距离的洄游迁徙，仅靠划定保护区域的方式并不能实现有效保护。例如，许多在黄海和渤海滩涂停歇的水鸟，夏季会在北极圈内繁殖，冬季则飞往遥远的大洋洲越冬。水中的布氏鲸、海龟等动物也有长途迁徙的习性。海洋野生动物保护能否成功，一定程度上取决于保护工作者的视野、格局与合作协同能力。

中华白海豚

Sousa chinensis

VU

I

广东江门中华白海豚自然保护区，一头中华白海豚在渔船旁跃出水面。野生动物保护的成功很大程度上依赖于保护地周边社区的支持，如何在实现保护的同时为社区居民提供可持续的生计保障，是保护必须考虑的问题。

冯抗抗 / 摄

2020 年 5 月 3 日，广东江门台山市赤溪镇白宵围附近的滩涂上有一头中华白海豚搁浅受困。广海镇派出所民警和广东江门中华白海豚省级自然保护区两家单位联合进行了救护工作。大家连续奋战七个多小时，最终将这头中华白海豚顺利送回大海。

杨翌舒 五星传奇 / 供图

钦州湾的中华白海豚。中华白海豚和其他水生动物一样，容易受到水污染的影响。此外，过度捕捞可能减少它们的食物来源，繁忙的水上交通也会引发事故。目前，我国已在厦门、珠江口、江门等地建立保护区，对中华白海豚进行保护。

北京大学崇左生物多样性研究基地 / 供图

香港海域一条尾部带伤的中华白海豚，它很可能是被繁忙的航运船只的螺旋桨所伤。

马格努斯·伦德格林 / 摄

一群布氏鲸被发现在广西涠洲岛海域觅食，这是第一次在我国近岸海域发现大型须鲸活动。布氏鲸体长可达 10 ~ 12 米，体重可达 15 吨。自 2016 年起，广西科学院、钦州学院（今北部湾大学）等科研机构和高校的研究人员已经开始对这里的鲸群进行追踪观测研究，为保护工作提供科学依据。当地的渔业和航运管理部门也通知渔民与运输船在航行时要避让这些大家伙。

陈默 / 摄

布氏鲸

Balaenoptera edeni

LC

I

斑海豹是国家一级重点保护野生动物，在我国分布于渤海和黄海北部，辽东湾是它们重要的繁殖区。1992 年，我国建立了大连斑海豹自然保护区，1997 年升格为国家级。斑海豹也曾作为资源物种遭到捕杀，在《野生动物保护法》颁布后，虽然大规模捕杀已经停止，但仍不时有盗猎发生。2019 年 2 月，公安机关破获了重大斑海豹盗猎案件，犯罪分子潜入斑海豹繁殖基地，偷捕了超过 100 头斑海豹幼崽。

顾晓军 自然影像中国 / 摄

斑海豹和风力发电机组。关于风力发电机对野生动物的影响，目前尚存较大争议。

张程皓 / 摄

斑海豹

Phoca largha

LC
—
I

将头露出水面窥视四周的斑海豹。
张帆 / 摄

中国台湾海域附近，一只在浅海区游弋的绿海龟。海龟受到盗猎、渔业兼捕、栖息地破坏、海洋污染等人类因素的威胁。和许多海洋生物一样，绿海龟也有长途迁徙的习性。这使得仅依靠划定保护地的方式很难实现对它们的有效保护。

马格努斯·伦德格林 / 摄

海南岛后海村，摄影师在拍摄水下纪录片的时候发现了一只被渔网困住的绿海龟。在近海海域，人工养殖场遍布浅海，渔网、养殖笼等对进入浅海觅食的野生海洋动物构成巨大威胁。

周芳 潜行天下 / 摄

绿海龟

Chelonia mydas

EN

I

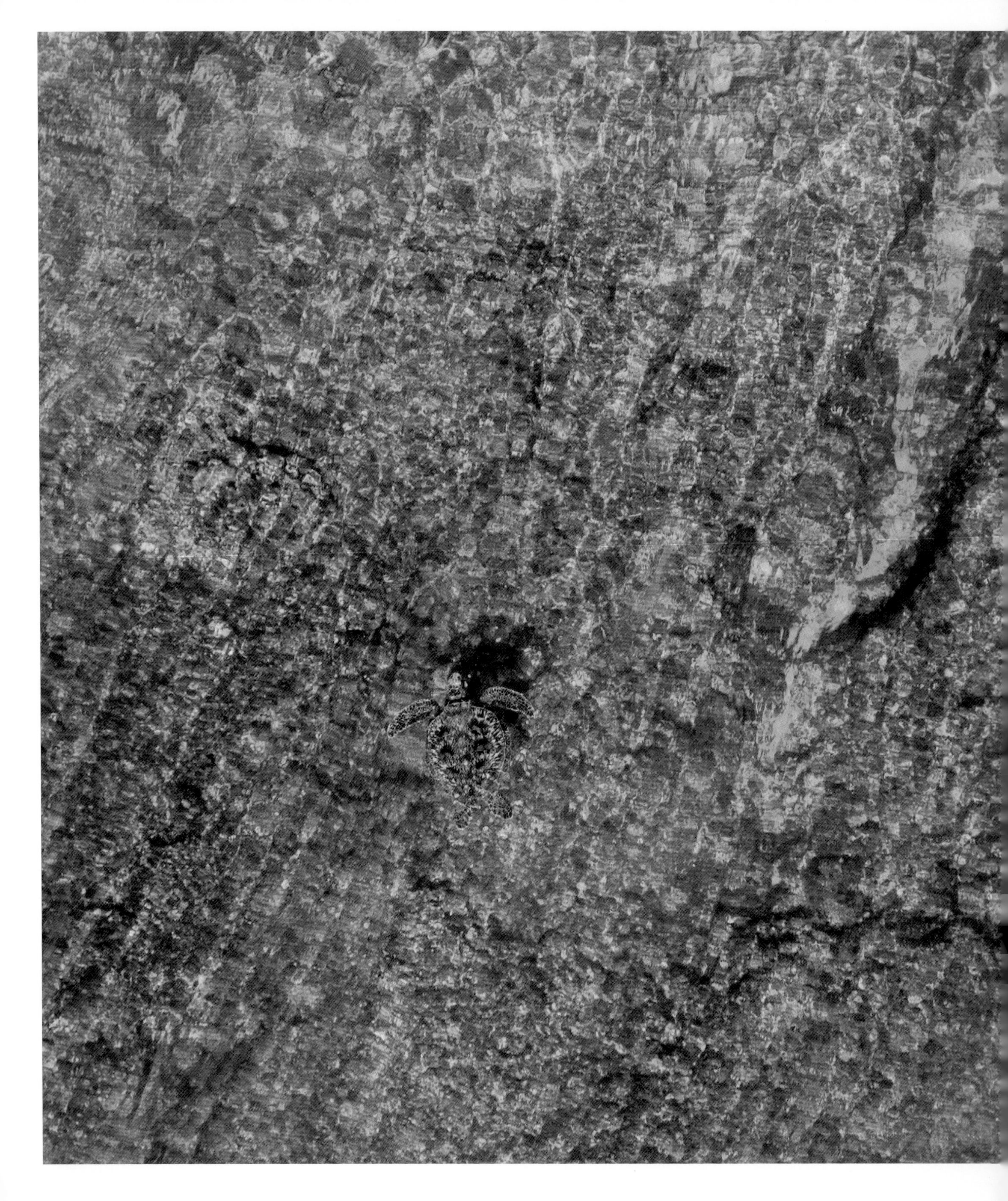

（左）一只在潮间带游弋的海龟。全球共有七种海龟，我国有五种（绿海龟、玳瑁、蠵龟、太平洋丽龟和棱皮龟），目前全部被列为国家一级重点保护野生动物。捕捉海龟、盗取海龟蛋、产卵场所丧失、海洋栖息地破坏等因素使海龟的种群数量不断减少。

张程皓 / 摄

（下）在西沙群岛中，一些沙滩保存完好的偏远岛屿仍有海龟进行产卵繁殖，保留着物种延续的希望。

陈建伟 / 摄

热带海域绚丽多彩的珊瑚礁，如同陆地上的热带雨林，是生物多样性最丰富的生态系统。由于人类开发活动、水污染和气候变化等，全球的珊瑚礁生态系统都在退化。炸鱼、海底拖网等破坏性捕捞方式对海南珊瑚礁的破坏十分严重。图为三亚湾分界洲岛珊瑚礁生态系统。

张帆 / 摄

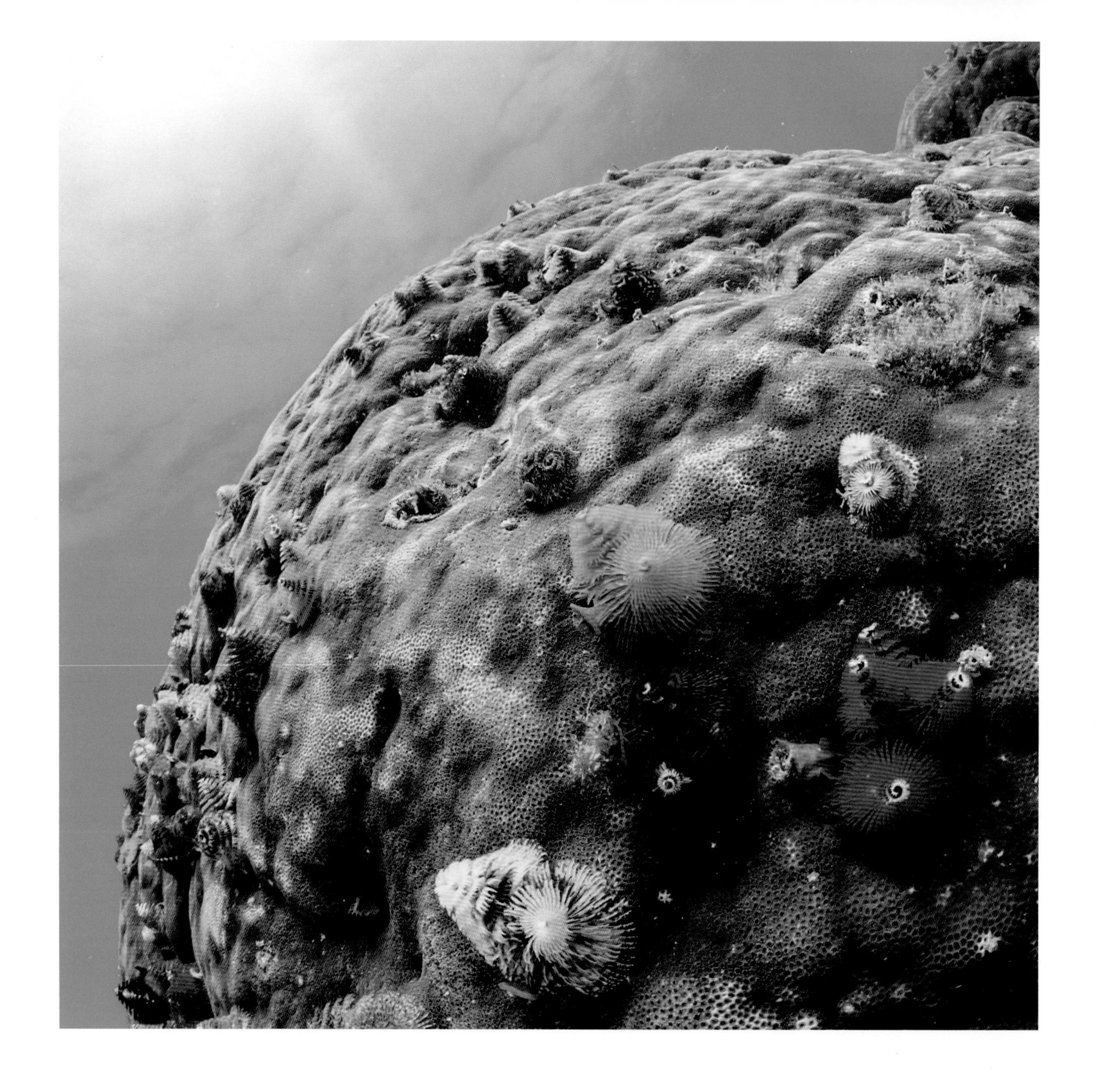

大旋鳃虫

Spirobranchus giganteus

海南陵水分界洲岛水下，与滨珊瑚共生的大旋鳃虫。它们是一种柔弱的滤食性环节动物，需要珊瑚坚硬的骨骼来保护自己。

周佳俊 / 摄

台湾岛附近海域，与海葵共生的双锯鱼（俗称海葵鱼）是珊瑚礁最具代表性的鱼类之一。由于数年前美国迪士尼制作的动画电影《海底总动员》的走红，大量海葵鱼被捕捉，进入宠物市场，充当小丑鱼 Nemo 的角色。

马格努斯 · 伦德格林 / 摄

白条双锯鱼

Amphiprion frenatus

LC

海葵鱼种类众多，许多是水族馆中的常客，但大量依赖海洋捕捞。

周佳俊 / 摄

中国南海，鳞砗磲。砗磲是世界上最大的贝类，也是一种备受推崇的传统工艺品原料。对砗磲的破坏性采挖往往也带来对珊瑚礁生态系统的破坏。

张帆 / 摄

2018 年，海南三亚“世界海龟日”主题活动中，执法人员销毁查获的砗磲。

霍立渤 翁叶俊 视觉中国 / 供图

鳞砗磲

Tridacna squamosa

NT

II

科研人员和保护工作者通过人工种植的方式促进珊瑚礁恢复，已在南海海底种植了超过 10 万平方米的珊瑚。

周佳俊 / 摄

捕食长棘海星的大法螺。长棘海星以珊瑚为食，由于其天敌大法螺被大量捕捞制成工艺品，导致长棘海星的数量激增，使得大面积的珊瑚礁受到毁灭性破坏。

于宗赫 / 摄

大法螺

Charonia tritonis

II

莱氏拟乌贼

Sepioteuthis lessoniana

DD

中国三亚分界洲岛，莱氏拟乌贼群。

张帆 / 摄

山东长岛大钦岛，渤海和黄海交界地区的浅海海域，海带森林中的鱼。海带森林是许多海洋生物的庇护所。

张帆 / 摄

路氏双髻鲨

Sphyrna lewini

CR

浙江石塘，一条被捕获的双髻鲨被渔民拖曳上岸。鲨鱼制品消费中以鱼翅受到的关注最多，随着野生动物保护宣传的推广，对鱼翅的追求也逐渐为越来越多的人所摒弃。2013 年，中国政府明令公务接待不得提供鱼翅等野生动物制品。实际上，鲨鱼肉、软骨素、角鲨烯等产品也都推动着对鲨鱼的捕捞。此外，还有大量水生动物是在以其他物种为对象的捕捞作业中被误捕或兼捕的。对鲨鱼的保护仍需要更强有力的管理。

肖诗白 / 摄

中国南海，鲸鲨。它们是世界现存最大的鱼类，最长纪录为 18.8 米。它们是温柔的滤食性鱼类，以浮游生物为食。全球的热带和温带海域都有鲸鲨活动的记录，科学家认为它们会为了追踪食物进行长距离的迁徙。

张帆 / 摄

鲸鲨

Rhincodon typus

EN

II

大弹涂鱼

Boleophthalmus pectinirostris

滩涂上的弹涂鱼，可以短时间离开水活动，是一类十分古老的鱼类，很可能是陆地动物和海洋动物互相演化的一个象征与进程的一部分。在求偶期，弹涂鱼会努力展示自己的背鳍来吓退竞争对手，它还可以利用尾部的力量进行跳跃，高度达到身高的几倍。

欧鹏 / 摄

广西山口红树林保护区，一只招潮蟹在退潮时爬出洞穴。

谢伟亮 / 摄

弧边管招潮

Tubuca arcuata

圆尾鲎

Carcinoscorpius rotundicauda

DD

II

红树林中的圆尾鲎。鲎是节肢动物中一个特殊的类群，全球四种鲎中圆尾鲎和中华鲎在中国的广西、广东、福建、海南等地广泛分布。圆尾鲎有毒，它被当作中华鲎误食引发食物中毒的事件时有发生。保护机构"美境自然"持续在北部湾地区开展保护工作。

肖晓波 / 摄

滩涂上的中华鲎。由于鲎的血液被发现是一种优良的细菌检测剂而被大肆捕捉。此外，在一些地区中华鲎也被用作食材。长期以来由于缺乏调查研究，世界自然保护联盟对中国两种鲎的濒危等级评估均为“数据缺乏”。2019 年，中华鲎的等级被更新为“濒危”。

林吴颖 / 摄

中华鲎

Tachypleus tridentatus

EN

II

这只其貌不扬的小鸟是世界上最濒危的鸟类之一——勺嘴鹬。它的全球种群数量不足 600 只，每年都会沿着东亚-澳大利西亚候鸟迁徙路线迁徙，在中国东部沿海短暂停留，然后继续它们的旅程。江苏东台的条子泥滩涂是它们迁徙路上最重要的停歇地之一，每年过境高峰时，全球种群 1/3 以上的勺嘴鹬在此停留。

韩乐飞 / 摄

勺嘴鹬

Calidris pygmaea

CR

I

中华凤头燕鸥是全球极危鸟种，由于数量稀少，行踪难测，被称为“神话之鸟”。在2000年夏天于福建马祖列岛被重新发现之前，中华凤头燕鸥已经在人们的视野中消失长达63年之久。迄今的确切记录仅有浙江韭山列岛和五峙山列岛、福建马祖列岛、台湾澎湖列岛、韩国全罗南道无人岛五个繁殖点和印度尼西亚北塞兰岛一个越冬点，以及繁殖地与越冬地之间的一系列迁徙停歇点或者繁殖后期游荡地。自2003年开始，浙江自然博物馆和台湾台中自然科学博物馆合作在浙江沿海搜寻中华凤头燕鸥的踪迹，并于2004年在韭山列岛发现了中华凤头燕鸥繁殖群。由于人为捡蛋导致2007年繁殖失败，自2008年到2012年，中华凤头燕鸥再也没有回到韭山列岛繁殖。自2013年开始，浙江自然博物馆和美国俄勒冈州立大学合作，先后在韭山列岛和五峙山列岛实施了中华凤头燕鸥种群招引和恢复项目。通过放置模型、播放鸣叫声吸引它们在受到较好监管的栖息地进行繁殖。此后至今的八年间，中华凤头燕鸥连续在韭山列岛成功繁殖，五峙山列岛和韭山列岛的繁殖种群不断壮大，为中华凤头燕鸥的拯救和保护带来了希望。中华凤头燕鸥的种群数量也从2000年发现的4对到2009年估计的不足50只，增长到2021年的近150只。

在招引场地与大凤头燕鸥（多数喙纯黄色个体）混群的中华凤头燕鸥（体羽灰白色、嘴端黑色个体），画面中间，一只中华凤头燕鸥正好站在招引用的假鸟模型头上。

陈水华 / 摄

（对页）正在争夺地盘的两只中华凤头燕鸥，二者专心对峙，而对左下方的大凤头燕鸥视而不见。大凤头燕鸥也安心带雏，一副岁月静好的模样，默默充当这场争吵的背景板。

冯江 自然影像中国 / 摄

中华凤头燕鸥

Thalasseus bernsteini

CR — I

深圳福田红树林国家级自然保护区，是海洋与河流交汇的湿地，也是众多鸟类的家园。黑脸琵鹭就在这里越冬，从背景中可以看到香港市民的住宅楼。

欧鹏 / 摄

繁殖期的黑脸琵鹭头部特写，可见其极具特色的形如琵琶的喙、后枕部的黄色冠羽和下颈部的黄色颈环。黑脸琵鹭的喙部颜色会随年龄而变化，雏鸟浅黄色，亚成鸟浅灰色，至成鸟时呈纯黑色，并逐渐出现斑纹，到老年时又因钙化而变成灰色。图中纯黑色的喙昭示这是一只正当年的成鸟。

胡毅田 / 摄

黑脸琵鹭在20世纪30年代广泛分布于中国东南沿海，但由于栖息地破坏、水域污染以及乱捕滥猎等，其分布区已大为缩小，种群数量锐减，成为全球性濒危物种。目前，黑脸琵鹭仅在朝鲜半岛西部沿海、中国辽东半岛沿海以及俄罗斯符拉迪沃斯托克南部沿海的一些荒芜的岩石岛屿上繁殖，迁徙期和越冬期见于中国东南沿海及越南东北沿海地区，台湾曾文溪口湿地和香港米埔湿地是黑脸琵鹭的主要越冬地。自1993年起，香港观鸟会组织了对黑脸琵鹭的全球同步调查。调查数据显示，近年来，在社会各界的重视和保护下，黑脸琵鹭的种群数量逐年回升，据2017年最新的调查数据，种群数量已达到3941只。

黑脸琵鹭的巢建于人类难以到达的悬崖上，图为在形人砣子（海猫岛）繁殖的黑脸琵鹭。

胡毅田 / 摄

黑脸琵鹭

Platalea minor

EN

I

科学的商业观鲸——人鲸共生的探索之路

蔚蓝长京

“北冥有鱼，其名为鲲，鲲之大，不知其几千里也。”

鲸是地球上体形最庞大的动物，我们对鲸的神往古已有之。千百年来，全世界人类对这种庞然大物的好奇与探索不曾减弱。从捕鲸到观鲸，从猎杀到结合研究教育的旅游观赏，人类与鲸的关系逐渐从杀戮掠夺走向和谐共生。

中国拥有 1.8 万多公里的大陆海岸线，历史上曾记录到约 38 种鲸类，其中须鲸 10 种、齿鲸 28 种。但从 20 世纪 80 年代开始，我国近海就再没有大型鲸类稳

江苏南京，市民可在市中心长江岸边近距离观赏长江江豚，背后是南京长江大桥。

姜盟 / 摄

定出现的记录，绝大多数都是死亡后搁浅的记录。直到2016年在广西北部湾海域发现大型鲸类，并经过连续观测于2018年确认北部湾涠洲岛海域是目前我国近海唯一有大型鲸类稳定出现的海域。

目前，我国近海稳定出现的鲸类主要有东南沿海的中华白海豚，长江及长江支流中的江豚和广西涠洲岛海域的布氏鲸。想要留住这些鲸类，我们需要探索一条和谐的人鲸共生之道，而科学的商业观鲸是一条可能的道路。

作为一种新型商业模式，从1955年美国圣地亚哥渔民查克·钱伯林（Chuck Chamberlin）在冬春交替之际，以一美元的价格，招揽游客乘船到海上观看迁徙至此的灰鲸开始，观鲸跨越了半个多世纪，已成为发展最迅速的生态旅游产业之一，并从以猎奇观赏为主，转向科学研究、教育和商业观鲸相结合。

中国目前的观鲸产业主要有广西钦州和香港特别行政区的观中华白海豚项目，以及台湾省东岸的观鲸旅游项目。其中台湾省花莲、台东、宜兰三县的观鲸旅游项目规模从1997年3艘船，年游客约1万人，2002年迅速增加到33艘船，年游客约22.5万人。广西钦州三娘湾观中华白海豚旅游项目则是我国内陆地区最早开展的观鲸项目，直至2013年，每年前往三娘湾观中华白海豚的游客大约为4～5万人。不过，这里的观豚旅游还停留在初级的船家带游客去看中华白海豚，而香港的观豚旅游则会配备生态导游在船上进行专门讲解。

对于生活在城市中的游客而言，观鲸无疑提供了一个与大自然接触的好机会，商业观鲸旅游产业的快速发展提高了人们的保护意识，也是实现生物保护和经济发展的双赢手段。

遗憾的是，近年来国内观豚旅游人数急速增长，商业模式却还停留在初级阶段，并存在一系列问题。例如，涠洲岛附近的观豚点时有非法捕捞现象和无序的观豚行为上演。有限区域内观赏游船过度集中，甚至有不少观豚船为近距离观赏海豚，采取“截胡”方式，简单粗暴迅速直接地插入海豚的前进路线，只为游客能拍出更近的照片。这种行为无疑是对海豚生活的严重干扰，而过度的干扰会让鲸豚类逐渐远离这一区域，让观鲸产业走向不可持续发展的道路。无论从生物保护的角度，还是可持续发展的角度，我们都应该倡导科学的商业观鲸。

首先，观鲸要做到科学、合理与规范。科学，指的是科学地开展科研调查与研究，分析问题，进行评估，并利用科学调查与研究的数据和结果服务于观鲸旅游的开展；合理，指合理的时间、合理的频次、合理的距离等基于科学数据合理设计的观鲸流程；规范，指观鲸的准入规范、观鲸旅游的规范（包括但不限于船只的规范）等等。

其次，发展生态旅游形式的观鲸，应推动多方合作，通过企业牵头，科研院所支持、指导与评估，政府推动和监督，以最高的标准和规范来开展。这样，不仅能给经济带来新的增长点，产生的影响也不仅局限于当地，而是对整个滨海旅游都将产生明显的积极作用。当科学、合理、规范的观鲸游成了大家收入的重要来源时，政府和旅游从业者都会从中获得相应的社会效益和经济效益。一方面可以有效提高观鲸的体验与服务；另一方面可以降低对鲸类的干扰，而经济利益也会驱动大家对鲸类和海洋生态的保护行为从被动变为主动。

大型须鲸作为海洋中最大的一类动物，受到全世界的瞩目。因此，布氏鲸在涠洲岛海域的稳定出现，对北海市，对广西，甚至对中国都有着重要的生态意

义。为了留住这群体形庞大的生灵，以及其他活跃于海洋中的生命，中国在人鲸共生之路上的探索仍然任重而道远。

科学观豚小贴士

1. 不得追赶、围堵海豚，不得闯入或横向穿越海豚行进路线，不可分开母兽与崽兽，也不得拆分海豚群或将海豚群逼困于船与陆岸之间；

2. 从与海豚平行并稍微向后的方向靠近海豚，禁止从正前方或正后方接近动物；

3. 与海豚群保持安全距离，其中以海豚为圆心，50 米内为禁行区，50 ～ 150 米区域为减速区；

4. 减速区内不能出现多于 3 艘的观豚船只，多余的观豚船只应当在 150 ～ 300 米的接近区排队，随后按序观察；

5. 船只应当集中于海豚群的一侧，不得左右包围海豚群，且船只应当位于靠近陆岸的一侧观赏；

6. 每艘船只每次观豚的时间不得超过 30 分钟；

7. 限定每日观豚船只；

8. 规范和约束游客行为，游客不可大声喧哗，不可触摸海豚，不可跳入水中，不可向海豚投喂食物，不可抛物于水中，不可在船只上蹦跳等。

当海豚群中有幼崽时

1. 禁行区扩大至方圆 100 米，船只必须与海豚群保持至少 100 米的距离；

2. 随时注意观察幼崽的行为，幼崽与母兽同游时，应特别小心注意，若发现幼崽出现被惊扰的反应，应当降低船速和船只、游客噪声。

（上）出现在涠洲岛海域的布氏鲸。

张帆 / 摄

（下）三娘湾观中华白海豚。

林强 钦州市北部湾中华白海豚研究保护与生命教育中心 / 供图

朱鹮/蓝冠噪鹛/燕雀/黄胸鹀/绿头鸭/红隼/日本鹰鸮

鸳鸯/普通翠鸟/鹗/红隼/东北刺猬/黄鼬/貉/欧亚红松鼠/

《IUCN 濒危物种红色名录》受胁等级

CR：极危　EN：濒危

VU：易危　NT：近危

LC：无危　DD：数据缺乏

和谐共生

城市

人与自然的和谐共生，一直是华夏文明最终极的精神追求之一

人类本能地通过不断改造环境满足自身需求——开垦农田、营造城镇、修筑道路，并非所有野生动物都会躲避到人迹罕至的荒野，它们尝试着在人类身边繁衍生息，并在被人类改造的土地上、城市环境中找到栖身之所。在这些区域，像自然保护区核心区那样严格地控制人类活动的办法显然并不适用，野生动物保护工作需要另辟蹊径。

有东方红宝石之称的朱鹮就习惯在稻田中觅食泥鳅、蛙、田螺和贝类等水生动物，并在附近的大树上筑巢繁殖。农药、化肥的使用会导致水体污染，既会使朱鹮的主要食物减少，也可能直接毒害这些珍稀的鸟类，这使朱鹮在许多区域绝迹。如果按照传统的自然保护区管理模式，将朱鹮栖息地的居民尽数迁离，隔绝人类影响，朱鹮也会失去食物来源和活动场所。现在，动物保护工作者尝试采用环境友好的耕作方式，如避免使用农药，为这些野生动物提供相对安全的生存环境。

另外，缓解野生动物的活动造成农作物损坏、家畜损失这样的人兽冲突，也是保护工作的重点。比如，惯于集体活动同时破坏力极强的野猪群令不少农民头疼。使用声光电等手段事先驱离恐吓，并引入野生动物肇事补偿等办法，就能够降低这些动物被报复猎杀的概率。

一些野生动物甚至有本事在车水马龙的城镇中找到栖身之所，特别是许多鸟类已经很好地适应城市生活。例如，北京大学地处人流熙攘的中关村地区，观鸟爱好者在这里观察到的鸟类多达200余种。家燕、麻雀等鸟类也在人类的建筑上找到了合适的安家之处。经过多年的宣传引导，故意捕杀在很多城市已不再是野生动物受到的主要威胁，城市的建设和管理直接影响着这些城市中动物居民的生存状况。

在城市中，公园、花园、森林等城市绿地为许多野生动物提供了觅食和栖身的场所，有关部门对这些绿地的管理直接影响着野生动物的生存条件。传统的

绿地管理更倾向于视觉上的“整齐划一”——草坪只会栽种单一草种并定期修剪，并将自生于其间的本土物种作为“杂草”去除。而对于野生动物而言，杂生着各种本土植物的环境往往更受青睐。打药、清理落叶、封填树洞等绿地管理工作也对野生动物有着不利影响。城市发展不断给这些人类身边的野生动物带来新的挑战和危险：高层建筑的玻璃幕墙给城市鸟类带来了很高的撞击风险，传统木结构建筑的逐渐消失也使北京雨燕、蝙蝠等失去了理想的筑巢环境。

在城市中设立的野生动物救助机构，使得一些城市中的野生动物居民在遇到麻烦时可以获得一些额外的帮助。比如设立在北京师范大学内部的猛禽保护中心，能够提供接送受伤猛禽的服务，这样便利化的“报警”措施有利于更多的动物得到救助。近几年，动物保护正逐渐被纳入城市管理的考量，北京市园林绿化局已经将生物多样性保护作为园林工作的一个指标，并开始生物多样性恢复试点。一些由于城市建设而消失的物种也在被尝试重新引入，例如上海市从 2007 年开始尝试繁殖獐，并在城市公园中野放。

其他一些野生动物则以一种不幸的方式存在于市民的身边——城镇中的农贸市场、水产市场和花鸟鱼虫市场等为非法野生动物贸易提供了交易场所，而非法贸易催生的盗猎是野生动物面临的最直接的威胁。如今控制这一威胁已经成为有关立法和行政部门正在解决的问题，很多城市已经立法禁止野生动物贩卖、食用和宠物类饲养和销售。这是 2020 年看到的可喜变化。

人与自然的和谐共生，一直是华夏文明最终极的精神追求之一，为实现这一追求，往往需要我们后退一步，为野生动物留出足够的生存空间。

保护工作者通过与周边的农民协商，不仅避免对朱鹮的直接猎杀，而且基本杜绝了在朱鹮觅食区域的水田中使用农药。一系列保护措施使得朱鹮种群得以恢复。

奚志农 / 摄

这只朱鹮很可能正在寻找合适的材料筑巢。由于朱鹮习惯在水田中取食，并在周边的大树上营巢育雏，因此完全隔绝人类活动的保护方式反而不利于它们的生存繁衍。

张跃明 / 摄

（p274—275）曾经朱鹮最后的种群就是依赖洋县姚家沟的冬水田得以延续，而通过采取生态友好的耕作模式，朱鹮分布区内的许多水田仍然是它们主要的觅食场所。

向定乾 / 摄

朱鹮

Nipponia nippon

EN

I

江西婺源月亮湾，九只蓝冠噪鹛在茶园集群嬉戏。对于野外种群估计仅两三百只的蓝冠噪鹛来说，这样集群嬉戏的照片难得一见。

杨海明 清华同衡规划设计研究院 / 摄

（对页）江西婺源月亮湾，蓝冠噪鹛的繁殖地——村旁风水林。

杨海明 清华同衡规划设计研究院 / 摄

蓝冠噪鹛又名靛冠噪鹛，是中国特有鸟类，全球极危（CR）物种，如今仅分布于以江西婺源为中心的特定区域，春夏繁殖季在传统村落环境里与人类比邻而居。2021年2月公布并生效的新版《国家重点保护野生动物名录》中将其升级为国家一级重点保护野生动物。蓝冠噪鹛的保护是以村规民约为基础的社区公益保护的典范，也是江西婺源于1992年倡导创建的“自然保护小区”模式的延伸与拓展。

蓝冠噪鹛自1919年在婺源被采集到模式标本之后，鲜有野外记录（云南思茅地区曾记录到另一个亚种），直到2000年在婺源被重新发现。蓝冠噪鹛偏好郁闭度高、草本层盖度高的亚热带常绿阔叶林。由于江西婺源村规民约保护风水林的传统，上万棵古树得以保留在村落风水林中，使这里成为蓝冠噪鹛最后的庇护所。然而这些传统村落无法以自然保护区的封闭方式管理，因此也不可避免地面临较大的人为干扰。2017年，清华同衡规划设计研究院主导成立了“江西婺源乡村振兴与生态保护课题组”，与当地政府机关、基层村民、高校保护生物学团队、公益保护与自然教育机构等合作，推广建立“一村一鸟”生态社区公益营造计划，探索蓝冠噪鹛社区保护的新模式。

蓝冠噪鹛

Pterorhinus courtoisi

CR

I

燕雀

Fringilla montifringilla

LC

这只燕雀命丧湖南一处农田中的捕鸟网上。在中国的许多区域，仍保留有鸟类迁徙季节捕鸟的落后习俗。改变这一情况既需要相关部门加强执法，也需要宣传教育，以改变人们的认知。

黄耀华 / 摄

黄胸鹀是猎捕的最大受害者之一。在广东等地，它们以“禾花雀”之名被视为珍馐美馔而遭到大肆猎捕。它们曾经在迁徙季节铺天盖地，仅仅经过 13 年，其受胁等级便由“无危”上升到“极危”，距野外灭绝仅一步之遥。

韦晔 / 摄

黄胸鹀

Emberiza aureola

CR

I

北京，绿头鸭妈妈带孩子过马路，马路上上演了温馨的一幕。

张瑜 / 摄

绿头鸭

Anas platyrhynchos

LC

日本鹰鸮

Ninox japonica

LC

II

一只日本鹰鸮停歇在树上，后面是古典建筑的雕梁画栋。日本鹰鸮和许多猫头鹰一样会利用树洞筑巢繁殖，但出于安全和保护树木的考虑，在园林管理中，这些树洞往往会被填实。

王放 / 摄

人工巢可以为那些偏爱树洞的鸟类解决“住房难题”。这个瓦罐成为红角鸮一家的住处。

赵建英 / 摄

红角鸮

Otus sunia

LC

II

家燕

Hirundo rustica

LC

相比麻雀和乌鸦，家燕在中华文明中更受喜爱，如民谚中的“燕子扑地大雨来”，文人笔下的“飞入寻常百姓家”。然而现代城市中适合家燕的空间在减少：留有大屋檐供它们筑巢的建筑在减少，巢材和食物也比以往难以寻觅，出于美观或卫生考虑而毁除燕窝的事件也曾见诸报端。当然，也有很多人仍愿为它们留下一片空间。

徐永春 / 摄

北京雨燕并非家燕的近亲，而是雨燕大家族的一员。它们也和家燕一样在传统建筑中找到了筑巢的理想环境。北京雨燕因模式标本产自北京而得名，是普通雨燕的一个亚种，在中国北方大部分地区都有繁殖记录。它们 4 月至 7 月完成繁殖后，会踏上漫漫征程——经过约 26000 公里的飞行到非洲中、南部越冬。由于古建筑大面积拆除，使得北京雨燕在其模式产地的数量锐减。保护工作者也在努力为北京雨燕提供生存空间，颐和园甚至在雨燕繁殖期封闭了它们集中筑巢的廓如亭。

张瑜 / 摄

北京雨燕

Apus apus pekinensis

LC

鸳鸯是东亚特有的水禽，因为艳丽的羽毛和对爱情的寓意受到人们青睐。它们也是许多城市中最常见的水鸟。图为摄影师利用伪装好的遥控相机拍摄北京玉渊潭公园中的鸳鸯。

关鹏 自然影像中国 / 摄

鸳鸯

Aix galericulata

LC

II

一只普通翠鸟停歇在北京大学西门内的水池旁。翠鸟因为羽色艳丽，曾作为传统工艺品“点翠”的原料而被大量捕捉。2000年，它被列为“三有”动物而受到法律保护。翠鸟繁殖往往需要天然的泥质、沙质水岸，而城市中经过硬化的水岸使它们无法筑巢。

王宪辉 / 摄

普通翠鸟

Alcedo atthis

LC

2020 年 4 月，北京市昌平区十三陵水库上空，飞过永陵的鹗。

徐永春 / 摄

鹗

Pandion haliaetus

LC

II

红隼是城市中最常见的猛禽之一，它们通常选择在高大的建筑上筑巢，在街道和绿地中寻找食物。画面中的背景是北京大学著名的博雅塔。传统木结构建筑是很多鸟类筑巢的首选，但是现在随着城市对古建筑的保护手段升级，这种筑巢点越来越少了。北京大学虽然身处闹市，但却是城市中难得的野生鸟类栖息地。据观鸟爱好者统计，该校园中有多达 200 余种鸟类。

王放 / 摄

红隼

Falco tinnunculus

LC

II

北京猛禽救助中心的猛禽康复师将康复的燕隼放归野外。北京猛禽救助中心于 2001 年由国际爱护动物基金会 (IFAW) 与北京师范大学联合成立。中心坐落在北京师范大学校园内，工作包括猛禽接收、治疗、康复、科研及科普宣教、救助培训等，是北京市园林绿化局指定的 " 专项猛禽救助中心 "。中心从成立至今，累计接救 39 种猛禽，数量超过 5560 只，平均每年救助 270 只左右，放飞率在 54%左右。同时，中心通过科普教育活动和媒体报道来宣传动物保护与动物福利理念，提高公众野生动物保护的意识。

徐可意 / 摄

燕隼

Falco subbuteo

LC

II

东北刺猬

Erinaceus amurensis

LC

刺猬是城市中最常见的野生兽类之一。无论是公园景区，还是小区绿地都可能出现它们的身影。相比鸟类，大城市川流不息的道路对这些在地面活动的小动物是巨大的阻碍。此外，以昆虫等无脊椎动物为主食的刺猬也常被农药波及。在中国城市中一般见到的是东北刺猬。

薄顺奇 / 摄

黄鼬俗称黄鼠狼，和刺猬一样也是城市里的常住居民。同样与刺猬一样，它们在北方传统文化中是具有灵异力量的“大仙”。和人畜无害的刺猬相比，“偷鸡”的恶名给黄鼬带来了不少无妄之灾。事实上，黄鼬最主要的食物是鼠类，当城市区域集中投药灭鼠时，它们也经常成为受害者。图为一只黄鼬从废弃的自行车下探出头，小心地观察周边环境。如今，日新月异的城市环境也要求这些灵巧狡黠的猎手适应新的隐蔽物。

薄顺奇 / 摄

黄鼬

Mustela sibirica

LC

两只貉从城市的墙壁空洞中钻出来。它们曾经广泛分布在中国从东北到云南的广阔土地上，近年因人类活动，其栖息地受到压缩。貉是犬科中比较独特的一支，和那些或凶悍或狡黠的捕食者亲戚相比，杂食的貉更容易适应城市生活。它们在废弃管道、桥墩裂缝、墙体空隙中藏身，往往趁着暮色活动。

王放 西南山地 / 摄

排水沟中隐藏的貉，警惕地观察四周环境。

孙晓东 / 摄

貉

Nyctereutes procyonoides

LC

II

一只欧亚红松鼠母亲带着幼崽搬家。除公园绿地，一些遍植松柏的寺庙古建筑群也为野生动物提供了生活空间。生活在人类主导的环境中，许多野生动物已经学会充分利用资源，规避不必要的风险。

张瑜 / 摄

欧亚红松鼠

Sciurus vulgaris

LC

苏州吴江，震泽省级湿地公园，繁殖季大群的鹭鸟栖息在江南村舍旁成片的香樟林树冠层上。

孙晓东 / 摄

优秀动物园的代表——南京红山森林动物园中国猫科馆，一只豹在巧妙模拟其自然栖息地的场馆中从容前进。

花蚀 / 摄

动物园：城市里的自然之窗

花蚀

虽然有部分野生动物适应了人居环境，出现在城市生态系统中，但对于大部分城市居民来说，认识野生动物的第一场所还是动物园。许多自然爱好者都是小时候在动物园里接受启蒙，从而感受到动物的神奇、自然的美好。

动物园是一个已经出现了几百年的事物，随着人们对人与自然关系的认知变化，动物园的职能与理念也在不断改变。现代的动物园不仅是供人类取乐的场所，更是物种保护的基地和保护教育的节点。

动物园是重要的迁地保护场所。所谓迁地保护，是指将某个物种迁出原有的栖息地，到新的合适的地方繁衍生息，以存希望的一种保护方式。将动物迁往动物园进行人工繁殖就是迁地保护方法之一。中国最成功的保护案例莫过于朱鹮重新恢复种群的故事，其中北京动物园在迁地保护上的努力功不可没。

1981 年，科学家在陕西洋县发现了 7 只曾被认为已灭绝的朱鹮。为了将朱鹮从灭绝的边缘拯救回来，国家采取了就地保护和迁地保护双管齐下的策略，北京动物园就承担了“朱鹮迁地保护研究”的任务。1986 年，北京动物园建立了朱鹮养殖中心，科研人员在李福来教授的带领下，用 6 年时间，终于攻克了朱鹮人工繁殖的难题，于 1992 年世界首次人工育活了 3 只小朱鹮。在此基础上，北京动物园实现了朱鹮人工饲养种群长期稳定的繁殖，维持着一个 30 多只个体的稳定种群，先后繁殖了 70 多只个体，并向国内外多个机构输出了朱鹮繁育的技术。这对于朱鹮恢复到今天几千只的数量尤为重要。

除了迁地保护之外，动物园天然就能成为动物救护中心。所有的动物园都有饲养团队，规模稍微大点的动物园还配有兽医团队，饲养加上医疗，也就意味着具备了救护野生动物的基本条件。许多城市的动物园都承担了城市周边的动物救护任务。

例如，上海动物园承担了上海市九成的动物救护任务。2020 年 11 月的统计显示，他们在 2020 年的前 11 个月救护了 132 种 981 只动物。动物救助的核心是尽可能地让被救助的动物回归大自然，上海动物园就是这么做的。被救助的这些动物，如果能恢复健康，而且是上海本地物种，他们就会将其放归野外。例如，他们在 2020 年收治了 3 只迁徙路过上海的仙八色鸫，其中 1 只伤重不治，另外 2 只恢复健康后都回归了大自然。

除了亲自践行动物保护之外，动物园还天然承担着自然教育的职能，是人们关注动物保护的起点。从最基础的层面，游客在动物园中可以了解一种动物叫什么，长什么样，从而产生朴素的保护意识；而一个优秀的动物园更能让游客深入观察动物的栖息地偏好、行为习性，向民众传播科学的保护理念。南京红山森林动物园的中国猫科馆就是一个榜样。

这座场馆饲养有三种中国本土的猫科动物：豹、猞猁和豹猫。工作人员通过高超的场馆设计和精细化的行为管理，让游客能够看到这些猫科动物在立体的环境里辗转腾挪，展现自身的魅力。仔细观察，就能发现这些动物是如何取食的，是如何标记领地的，甚至能在合适的季节观察到同类之间是如何表示爱意的。此外，整个中国猫科馆还设置了一个主题：中国的猫科动物保护。除了常见的科普牌之外，展区入口处还设置了一座画有豹子涂鸦的集装箱小屋，展示中国猫科动物保护联盟（CFCA，简称猫盟）的工作。猫盟是一个致力于保护中国猫科动物的组织，他们带来了不少野外工作的工具，例如红外相机。通过这些陈设，你能了解到我们中国的保护工作者都做了些什么事儿，普通人又能为自然保护做什么。

动物园其实是一个有原罪的地方：它毕竟剥夺了动物的自由。要对得起那些动物的付出，需要动物园能够饲养好动物，展示好动物，并最大化地发挥其功能，同时实现现代动物园的四大职能——娱乐、保护、科研和教育。

希望每一个动物园都能成为一扇自然之窗，让更多的公众得以一窥自然的奇妙，走上热爱自然、认识自然、保护自然之路。

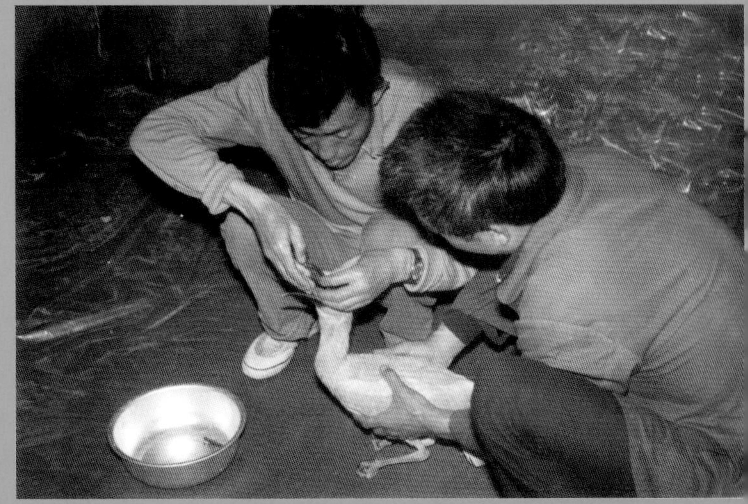

（左上）研究人员将朱鹮的卵放进孵化器中进行人工孵化。

北京动物园 / 供图

（左下）1992 年，北京动物园首次人工育活 3 只小朱鹮，开世界先河。

北京动物园 / 供图

（右上）研究人员给朱鹮幼鸟进行人工喂食。

北京动物园 / 供图

（右下）北京动物园朱鹮人工种群建立者“平平”和“青青”。平平为 1986 年出生的雄性个体，青青为 1985 年出生的雌性个体，二者配对后于 1992 年首次繁殖，直至 2010 年和 2012 年先后失去繁殖能力。今年 35 岁与 36 岁的平平和青青依然健康地生活在北京动物园中，有望创造新的朱鹮最长寿命纪录。

北京动物园 / 供图

（上）南京红山森林动物园中国猫科馆中的豹。

花蚀 / 摄

（下左）南京红山森林动物园中国猫科馆中的丰容设施。

花蚀 / 摄

（下右）南京红山森林动物园中国猫科馆中的猫盟集装箱小屋。

花蚀 / 摄

大事记

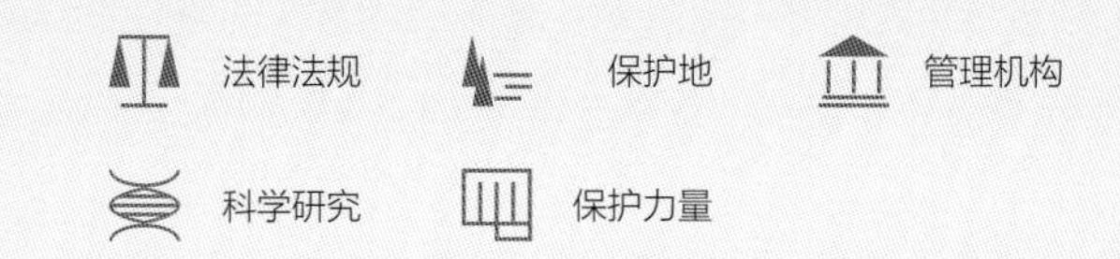

1914 中华民国政府颁布《狩猎法》和《森林法》；

1922 中国第一个生物学研究所——中国科学社生物研究所成立；

1928 北平静生生物调查所成立；

1934 中国动物学会成立；

1951 中央人民政府林业部建立，之后设立狩猎处管理野生动物狩猎事宜；

1956 ① 中华人民共和国水产部设立，主要负责水生动植物资源的开发利用；
② 国务院将《中国动物志》的编写工作列入了国家科学发展长远规划；
③ 第一届全国人民代表大会第三次会议提出建立自然保护区，同年，广东省鼎湖山自然保护区成为中国第一个自然保护区。

1962 国务院发布了《关于积极保护和合理利用野生动物资源的指示》；

1972 中国参加了联合国“人类环境大会”，并加入了随后启动的“人与生物圈计划”；

1979 ① 林业部重新设立，之后在林政保护司下设立了自然保护处；中国野生动物保护工作有了专门的管理部门；
② 《中华人民共和国刑法》将“非法狩猎”和“非法猎捕、杀害珍贵、濒危野生动物”纳入刑事犯罪范畴；同年颁布了《环保法（试行）》和《森林法（试行）》；
③ 全国农业自然资源调查和农业区划会议，决定推行自然保护区区划和科学考察工作；
④ 中国生态学会成立；
⑤ 世界自然保护联盟和世界自然基金会代表团访华，开启了中国自然保护领域与国际合作的大门；

1980 世界自然基金会、国际鹤类基金会等国际保护组织开始进入中国工作，拉开了国际非政府保护机构参与中国保护工作的序幕；

1981 中国加入《濒危野生动植物种国际贸易公约》；

1983 全国发起为大熊猫捐款活动，中国野生动物保护协会成立；

1984 林业公安局正式建立；

1987 《中国自然保护纲要》颁布；

1988 《中华人民共和国野生动物保护法》在第七届全国人民代表大会常务委员会第四次会议上通过；

1989 《国家重点保护野生动物名录》发布；

1992 ① 中国加入《关于特别是作为水禽栖息地的国际重要湿地公约》；
② 中国签署《生物多样性公约》，成为缔约国；

1994 ① 中国第一个全国性民间环保组织“自然之友”在北京注册成立；
② 《中华人民共和国自然保护区条例》颁布；

1996 ① 中国成为世界自然保护联盟国家成员；
② 第一届大学生绿色营赴云南省德钦考察；

1997　平武大熊猫综合保护试验项目启动，社区参与的理念在保护工作中逐渐扎根；

1998　《中国濒危动物红皮书》出版；

2000　① 天然林资源保护工程第一期正式启动；
② 国务院发布《全国生态环境保护纲要》；
③ 福特汽车环保奖进入中国；

2001　“全国野生动植物保护和自然保护区建设工程”正式启动；

2004　《中国物种红色名录》出版；

2007　① “生态文明”被写入了十七大报告；
② 保护生物学会中国分会成立；

2008　生态环境部（原环境保护部）联合中国科学院启动了《中国生物多样性红色名录》的编制工作；

2011　国务院印发《全国主体功能区规划》；

2012　党的十八大，生态文明建设成为中国特色社会主义事业“五位一体”总体布局的重要组成部分；

2013　中国共产党第十八届三中全会提出建立中国国家公园体制；

2014　首届中国保护生物学论坛召开；

2015　① 中共中央、国务院印发《生态文明体制改革总体方案》；
② 新修订的《中华人民共和国环境保护法》颁布；
③ 三江源、东北虎豹等第一批国家公园试点建立；

2017　《野生动物保护法》重新修订；

2019　中共中央办公厅、国务院办公厅印发《关于建立以国家公园为主体的自然保护地体系的指导意见》，开启保护地体系的升级工作；

2020　新修订的《国家重点保护野生动物名录（征求意见稿）》公示并公开征求意见。

2021　①新修订的《国家重点保护野生动物名录》公布并生效。
②《生物多样性公约》第十五次缔约方大会在云南昆明召开
③中国正式设立首批五个国家公园：三江源国家公园、大熊猫国家公园、东北虎豹国家公园、海南热带雨林国家公园、武夷山国家公园。

编后记

海杜马

多年以来,《中国国家地理》在杂志、图书、摄影集等载体上关注自然保护和野生动物题材,“自然之美”书系就是着重展现大自然和生态环境的摄影集,这个系列的口号是——“我愿做一位信使,将自然的灵魂和人的善念相连”。仅仅几年之前,我们编辑关注更多的是野生动物美丽、可爱的一面,但近两年我们越来越强烈地认识到,中国生物多样性的保护意识,光靠以视觉吸引力为传播点是远远不够的。我们不能仅享受、消费动物的美丽,更要了解它们的生活现状以及生态环境的变化和变迁。所以,本书用了近两年的时间,不再刻意强调美丽,而将“中国的生物多样性保护”作为主旨,用摄影集的形式,梳理中国野生动物的保护历程。

在采访、约稿、约图、查资料、写作的过程中我们发现,中国的野生动物保护经历了很多坎坷和曲折。近几十年,终于完成了从“野生动物是可利用的资源”到“保护生物多样性就是保护我们人类自己”这样可贵的转变。在漫长的保护历史中,很多前辈、学者、老师、一线工作者、摄影师都做出了卓越的贡献。本书由于篇幅的限制,难免挂一漏万,请老师们批评指正。

我们希望在不远的将来,野生动物和人能够更加平等地生活在这颗蓝色的星球上;人们对动物的认知,不仅仅是“萌”;人们对动物的关注,也不仅仅局限于明星物种。希望本书能给喜爱自然与野生动物的读者一个有益的参考。

致谢

在一年零八个月的编辑过程中，众多机构和专家、学者、摄影师以及保护工作者对于本书提出了宝贵意见，提供了大力支持。在此，主创人员向大家表示感谢（排名不分先后）：

程琛女士、陈腾逸先生、刁鲲鹏先生、霍达先生、黄燕女士 、黄亚慧女士、贾亦飞先生、寇铭芳女士、李飞先生、罗茜女士、李想女士、刘莹女士、刘炎林先生、吕植女士、马晓锋先生、秦大公先生、沈成先生、孙戈先生、孙姗女士、申小莉女士、闻丞先生、王亚晨女士、阎璐女士、姚锦仙女士、严旬先生、赵纳勋先生、朱诗逸女士、张翼飞先生、张跃明先生。

合作机构—供图机构

北京市企业家环保基金会成立于 2008 年，2014 年底升级为公募基金会。业务领域以环保公益行业发展为基石，聚焦荒漠化防治、气候与商业可持续、生态保护与自然教育三个领域。发展至今，已直接或间接支持了近 700 家中国民间环保公益机构或个人的工作，公益支出超 7 亿元，累计影响和带动了 5.3 亿人次公众成为环保的支持者和参与者。十余年来，已经成长为中国颇具影响力的环保公益组织。

成都山地文化传播有限公司以地理名词“西南山地”冠名，致力于中国本土自然影视创作和宣发，研发摄影录音相关器材，运营中国生物多样性原创视频和图片集锦的西南山地影像库（www.swild.cn），同时还主编一系列和中国本土相关的自然文化书籍，设计制作自然主题文化创意产品等。

守护荒野由希望环境友好的志愿者发起，携手国内 30 家以上非政府组织和 40 家爱心企业，在现有“共享志愿服务平台”的基础上，创建“云守护陪伴成长体系 3.0”，即由志愿者自我陪伴、学习、成长和自愿发起环保项目的志愿者体系。该计划旨在为普通人参与自然保护提供零门槛入口；为志愿者学习、成长提供互助机制；为环保非政府组织提供更精准、专业、有效的志愿者人选。平台也通过开发保护项目周边产品、跨界合作等创造性方式，传播和影响更广泛的人群，打破认知壁垒，“重识荒野，守护荒野”，增进普通大众与自然的关系。

荒野新疆（注册名：乌鲁木齐沙区荒野公学自然保护科普中心），是由新疆本地自然探索爱好者和保护行动志愿者于 2012 年发起，2017 年正式注册为以志愿者社群为基础，致力于自然保护科普传播工作的公益机构。“成就更好的自己，守护更美的新疆”是该机构的使命。

嘉道理农场暨植物园位于香港最高山脉大帽山北坡下。园内清溪汇流，翠林环抱，还有不少果园和梯田，以及各种保育及教育设施，是一家独特的公私合营机构。本园于 1956 年成立，当年的目标是向贫苦农民提供农业辅助，帮助他们自力更生。1995 年，香港立法局（现为立法会）通过嘉道理农场暨植物园公司条例（第 1156 章），本园正式成为保育及教育中心，致力于推广香港和内地的保育及永续生活，并推行各类计划，促进动植物保育和有机农业。本园的使命是“大众与环境和谐并存”。

用影像保护自然。野性中国是一家致力于用影像的方式传播和推广自然保护理念的公益机构。通过对中国野生生物和自然环境的拍摄，努力践行“用影像保护自然”的信念。为科学研究、自然保护、公众宣传及自然教育等领域提供直观、生动和翔实的影像资料。通过举办野生动物摄影训练营，发起并实施中国濒危物种影像计划，用出版、展览、纪录片、影像库等形式传播和展现中国独特且壮丽的野生生物与自然景观，以唤起公众对中国自然的关注与热爱。

山水自然保护中心成立于 2007 年，是中国本土的民间自然保护机构。它在生物多样性最丰富的三江源、西南山地及澜沧江流域开展保护工作，通过与社区、学术机构、政府、企业、媒体等合作，与在地实践者共同守护美好的自然家园。

保护地友好体系是认同自然保护地及周边新的生态经济形势的人或机构，共同宣传、推介研究、实践和推进自然保护地及周边友好发展的一种形式。由中国科学院动物研究所解焱博士发起，经 2016 年 9 月第六届世界自然保护大会建议成立了全球保护地友好体系课题组，致力于生物多样性保护与经济社会友好协调发展的理论及实现模式的研究，推动国内外相关科研、产业发展和社会化协作等。保护地友好体系积极联合全球保护及其他领域的科学家、企业、各类公益组织和社会公众，一起支持参与自然保护地周边友好型生产和生态保护，阻止全球生物多样性下降，共同积极应对人类面临的严峻生态危机。

猫盟是专注于中国本土野生猫科动物保护的公益组织，以中国本土野生猫科动物与人世代和谐共存为景愿，以科学保护为原则，致力于科学评估 12 种猫科动物的保护现状，确定优先保护区域，协助政府制定保护策略；选取受胁猫科的关键保护区域开展在地保护实践，推进人与猫共存的社会意识和保护行动。

自然影像中国
Nature Image China

自然影像中国是由中国野生动物保护协会、飞羽视界文化传媒、中国（林业）生态摄影协会发起的一个面向大众的自然保护传播项目。宗旨是用影像展现中国特有的、珍稀的野生动植物和自然生态奇观，呈现和认识中国无比丰富的生物多样性，记录与宣传中国自然保护的突出成就。自然影像中国以具体项目的形式组织中外著名自然摄影师拍摄中国最具特色的生物多样性及其生态系统，建立自然影像中国影像资料库，以多种形式为自然保护、科研、教育、宣传提供影像支持，用镜头语言讲述精彩的中国生态故事，展示中国自然生态之美。

美境自然是北部湾地区首个大规模推动公众参与、多方合作保护滨海生态系统的民间自然保护组织。自2014年起，美境自然在广西北部湾约1600公里的海岸线上建立了22个监测点，开展鲎类种群调查、底栖生物多样性调查、迁徙水鸟监测、迁徙猛禽监测等长期调查和监测行动，获得了很多地区关键栖息地和生物多样性的关键数据。美境自然推动发起的"不吃鲎消费倡导"是第一个针对餐饮业解决中国鲎过度利用问题的多方参与的保护行动，吸引了多个政府机构、媒体、企业和公众参与并采取行动。

朱雀会
China Birdwatching Association

昆明市朱雀鸟类研究所，也称"中国观鸟组织联合行动平台"，简称"朱雀会"，成立于2014年，致力于搭建观鸟组织与社会各界力量合作的平台，通过公众科学的方式，深入和多方位推动鸟类与自然保育工作。

阿勒泰瞳之初自然保护协会成立于2018年9月，是在新疆阿勒泰地区登记注册的公益机构。其工作包括野生动物救助及监测、自然纪录片制作、自然教育及科普宣教等。协会致力于传播野生动植物保护知识及理念，拉近人与自然之间的距离。

云山保护，全称大理白族自治州生物多样性保护与研究中心，2015年正式在大理州民政局注册成立。云山专注于抢救性地研究和保护中国西南地区的生物多样性。创始人拥有丰富的保护与研究经验，包括非政府组织项目主管、兽类和鸟类学家、生态摄影师、自然教育导师。云山是国内唯一专注于长臂猿保护的公益组织，以保护长臂猿等旗舰物种为突破口，进而保护生物多样性最为丰富的西南森林生态系统，促进人与自然和谐共存。

星球研究所成立于2016年，是一家专业的地理科普传播机构，擅长从地理视角出发认知世界和人类自己，内容涉及地理、天文、城市、建筑等领域，现已产出多篇爆文。2018年，星球研究所被人民日报社和中国科学技术协会评为"中国十大科普自媒体"。目前，星球研究所专注于探索极致世界，解构世间万物，希望和更多志同道合的伙伴一起逐步实现这个愿景。

西子江是以优先保护中国生物多样性最丰富的华南和西南地区栖息地与野生动植物为使命，以科学为指导，以共赢为目标，对各类生态系统进行调查、监测、研究与保护的机构。主要项目区域位于深港水源地东江流域和西枝江流域中上游，机构以项目所在地的中华穿山甲、水獭、中华秋沙鸭、黑鹳等濒危物种的监测和保护为切入点，以创新型的科学、技术、市场手段，与项目所在地的政府、保护区、社区建立良好的合作关系，致力于通过多方共赢的方式推动该地区的珍稀物种与生态环境保育。

影像生物多样性调查所（IBE）是一家提供影像生物多样性调查服务和相关自然影像产品的专业机构，它由一群中国最具活力的职业生态摄影师和自然保护工作者于2008年建立，其宗旨是用科学的方法记录和展示中国的生物多样性。

潜行天下
Dive the world

《潜行天下》是国内唯一一部以海洋为题材的大型水下4K纪录片栏目，该片主要以潜水旅行为叙事线索，通过摄影师PAUPAU的全球潜行之旅，为观众展现了一幅五彩斑斓、奇幻凶险的海底画卷。在千姿百态的海底世界里，感受大自然的神奇力量，体会人类和海洋的依存关系，留下对海洋未来的深思。

国际野生生物保护学会（Wildlife Conservation Society,缩写为WCS）成立于1895年，原名纽约动物学会，是美国及世界最早成立的自然保护组织之一。WCS将先进的科研与实地保护、动物园系统、水族馆管理相结合，来完成保护的使命，在60多个国家开展全球保护项目，覆盖了世界范围内的海域。目前，WCS中国项目（wcs.org.cn）针对东北虎、雪豹、藏羚羊、野牦牛、扬子鳄等关键物种开展研究和保护工作，并且致力于打击非法野生动植物贸易，遏制野生动物制品消费需求。

为了那些不为人所知的野境生命，奇野中国，以一流的摄影师和制作人感性且敏锐的观察力，向世界展示了中国丰富而惊人的自然遗产。我们向广大读者传递了中国野境的生命信号，共同分享这些生命的乐趣与中国自然保护工作的价值，让人类与自然在爱的滋养下共生共长。苍穹之下，我们为奇境生命的律动而庆幸，向所有对濒危物种和自然栖息地的关注与保护行动致敬。同时留下了珍贵的影像资料以及包括社交媒体在内的顶级媒体的世界性报道，共同见证人与自然共处的奇野中国。

视觉中国成立于2000年6月，是国内最早将互联网技术应用于版权视觉内容服务的平台型文化科技企业。通过版权交易平台www.vcg.com，视觉中国目前向客户提供超过4亿张图片，3000万条视频，10万首音乐及300款字体等各类型版权素材，在编辑类与创意类、国际与本土、高端与微利等各个方面，拥有较大的内容竞争优势，是全球最大的同类数字内容平台之一。

蔚蓝长京致力于品牌赋能、影像传播和媒体宣传，是一个以生态保护为职责，推广大国重器为己任，集策划、拍摄、展览为一体的文化传播品牌。团队成员包括知名摄影师、资深公关从业人员、旅行KOL以及传播学者，媒体矩阵拥有超10位百万粉丝大V，MCN合计超过2700万粉丝。

图书在版编目（CIP）数据

神奇物种：中国野生动物保护百年 / 李栓科主编.
— 北京：北京联合出版公司，2022.4（2022.9重印）
ISBN 978-7-5596-5940-8
Ⅰ.①神… Ⅱ.①李… Ⅲ.①动物保护 – 概况 – 中国
Ⅳ.①S863
中国版本图书馆CIP数据核字（2022）第018885号

神奇物种：中国野生动物保护百年

主　　编：李栓科
执行主编：邸　皓
出 品 人：赵红仕
责任编辑：徐　樟
策　　划：北京地理全景知识产权管理有限责任公司
策划编辑：曹紫娟
特约编辑：曹紫娟
营销编辑：王思宇
图片编辑：田轩昂
书籍设计：鲁明静
特约印制：焦文献
内文制版：许艳秋

北京联合出版公司出版
（北京市西城区德外大街83号楼9层　100088）
北京联合天畅文化传播公司发行
北京雅昌艺术印刷有限公司印刷　新华书店经销
字数：300千字　889毫米×1194毫米　1/16　印张：23
2022年4月第1版　2022年9月第2次印刷
ISBN 978-7-5596-5940-8
审图号：GS（2021）8149号
定价：128.00元
